如何办个赚钱的
蛇类家庭养殖场

◎ 李典友　高本刚　编著

中国农业科学技术出版社

图书在版编目（CIP）数据

如何办个赚钱的蛇类家庭养殖场 / 李典友，高本刚编著.
—北京：中国农业科学技术出版社，2015.3
（如何办个赚钱的特种动物家庭养殖场）
ISBN 978 – 7 – 5116 – 1837 – 5

Ⅰ.①如…　Ⅱ.①李…②高…　Ⅲ.①蛇 – 饲养管理
Ⅳ.①S865.3

中国版本图书馆 CIP 数据核字（2014）第 229296 号

选题策划　闫庆健
责任编辑　闫庆健
责任校对　贾晓红

出 版 者　中国农业科学技术出版社
　　　　　北京市中关村南大街 12 号　邮编：100081
电　　话　(010)82106632(编辑室)　　(010)82109704(发行部)
　　　　　(010)82109709(读者服务部)
传　　真　(010)82106625
网　　址　http://www.CASTP.cn
经 销 者　各地新华书店
印 刷 者　北京华忠兴业印刷有限公司
开　　本　850mm×1 168mm　1/32
印　　张　7.375
字　　数　191 千字
版　　次　2015 年 3 月第 1 版　2015 年 3 月第 1 次印刷
定　　价　26.00 元

——◄ 版权所有·翻印必究 ►——

前 言

　　蛇的经济价值很高。蛇肉鲜嫩味美，有滋补健身功效。我国利用蕲蛇治病已有悠久历史，配制成蛇酒，主治风湿病等症有明显疗效。蛇胆入药有明目作用；尤其是蛇毒加工的制剂是很好的镇痛剂，对心血管病和癌症都有疗效。采集含有抗体的血浆制成蛇毒血清，用于治疗毒蛇咬伤有特效。蛇毒在国际市场上被誉为"液体黄金"，其价值比黄金贵10多倍。蛇蜕、蛇皮、蛇血均可入药，应用广泛。蛇皮经过加工可用于制作乐器、装饰品等。另外，蛇类是鼠类天敌，对消灭害鼠有很大作用。

　　我国蛇类资源丰富，约有200多种，其中，毒蛇约40种。但近年来，随着蛇类综合利用广泛，市场需求量日益增加，滥捕滥杀蛇类现象大有增加，同时蛇类生活环境受到污染和破坏，使其分布区域缩小，天然蛇类资源日趋减少。人工养蛇，研究开发利用蛇类资源，可以变害为利，化毒为药，更好地为人类造福。目前，在我国一些农村地区，庭院养蛇正在兴起。实践证明人工养蛇投资少，见效快，收益高，前景十分广阔。

　　为了帮助广大养蛇及蛇产品加工人员更好地掌握高产养蛇与蛇产品加工技术和蛇伤防治方法，我们深入各地养蛇场所、养蛇专业户及蛇产品加工部门，广泛收集、总结养蛇经验，并参考了有关资料，吸收最新科研成果，编写了《如何办个赚钱的蛇类家庭养殖场》一书。书中系统介绍了我国主要经济蛇类品种的经济价值、蛇的形态及结构、特征、蛇类分类、蛇类生活习性与分布、毒蛇与无毒蛇的识别、我国主要经济蛇种饲养管理和繁殖技术、蛇病防治方法、种蛇的捕捉与装运，蛇产品加工技术与综合应用、蛇毒的采收、毒蛇咬伤的防治方法以及发展养蛇业应注意的问题等。本书内容充实、新颖，融知识性、技术性和实用性、通俗性于一体，图文并茂，适于养蛇与蛇产品加工和药材收购人员及医务人员阅读应用，亦可供大专院校动物科学和动物医学专业师生以及蛇类科学研究人员参考。

　　由于编写者水平有限，加之养蛇业的复杂性和多样性，书中错误和缺点在所难免，敬请读者予以指正。

编著者

2014 年 7 月 15 日于皖西学院

第一章　**蛇类的经济价值与养殖发展前景**

第一节　蛇类的经济价值

　　蛇全身是宝，蛇肉美味可口，营养丰富，具有滋补强身的作用。据测定，蛇肉中含有蛋白质 22.1%、脂肪 1.7%（其脂肪中不饱和脂肪酸占较大比例），还含有碳水化合物、矿物质如钙、磷、铁和维生素 A、维生素 B_1 和维生素 B_2，还含有一些生物活性物质，如肌醇、肌肽、腺嘌呤、γ-丁酸等。蛇肉蛋白质中含有近 20 种氨基酸，其中，人体必需氨基酸有 8 种，即丙氨酸、蛋氨酸、赖氨酸、苏氨酸、缬氨酸、亮氨酸和异亮氨酸等。

　　研究表明，蝮蛇肉中含有一种能增加脑细胞活力的营养物质——谷氨酸，以及能帮助人们消除疲劳的天门冬氨酸，食蛇肉可以补充人体必需的营养素。所以常吃蛇肉能增强人的体质，延年益寿。远在汉代，《淮南子》就提到广东人有用蛇肉制作菜肴之说，流传至今的我国广州名菜"龙虎斗"就是以蛇肉和猫肉为主要原料烹制而成，"龙虎凤"则是以蛇、猫、鸡为主要原料烹制而成的。明代李时珍著的《本草纲目》中也有"南人嗜蛇"的记载。近年来，蛇类保健食品相继问世，如市场上见到广东产的太阳神口服液是以蛇、鸡为原料经蒸馏提取，配以甘草、香菇等制成；浙江省宁波市的市场上有制成易拉罐的蛇肉饮料等，深受消费者欢迎。国际上，如菲律宾、日本、美国等国家都有专门化的蛇肉食品市场。尤其是蛇有很高的医疗价值。早在 2000 多年前，西汉时期的《神农本草》一书中有以蛇为药的记载。蛇在传统的中医里是地道的药材，蛇胆、蛇毒都是名贵的药材。李时珍的《本草纲目》中叙述了 17 种蛇的形态和药用功效，文中记述最多的是蛇肉的药用内容。主要记载蛇肉的食用价值和功效，蛇可祛风、祛湿、通经络、强筋健骨、活血养颜、止痛解毒等，同时更可治疗风湿类及关节神经等病症。我国很早就利用蛇酒治疗各种风湿和类风湿痛等疾病；蛇胆药用最早见于汉朝的《名医别录》。中医认为蛇胆能行气化痰，清肝明目，搜风祛湿。著名中成药品种有三蛇胆陈皮、三蛇胆半夏等。据测定，蛇胆汁中含有胆色素、胆酸、胆固醇、卵磷脂及其他磷脂、脂肪和矿物质等多种成分，可以促进脂肪和脂溶性维生素的吸收，刺激小肠运动。所以内服蛇胆酒可以治疗风湿骨痛、神经衰弱、消化不良和眼花目眩等症。如用蛇胆配制川贝、陈皮还可以治疗支气管炎或风寒咳嗽等症。蛇蜕中药名龙衣，蛇蜕为乌梢蛇、赤链蛇等多种蛇蜕下的皮膜，据《本草纲目》记载"蛇蜕有辟恶、祛风、杀虫"功效。中医认为本品性味甘、咸、平，归肝、脾经。有祛风定惊、退翳消肿、杀虫止痛之功效。适用于小儿惊痫、喉风口疮、木舌重舌、目翳内障、疔疮、痈肿、瘰疬、腮腺炎、痔漏、疥癣等。毒蛇的毒腺分泌物称蛇毒，被誉为"液态黄金"，能治疗多种疑难杂症，更是很好的镇痛剂和止血药。据近年研究，蛇毒制剂对心血管病及癌症都有疗效。此外，蛇皮可制作乐器和装饰品。

在把野生毒蛇驯化饲养合理利用的同时，严禁捕杀野生蛇类，蛇是鼠类的天敌，蛇类身体细长无足，能深入鼠洞捕食鼠类，被人们称为"无脚猫"。据资料记载，1 条银环蛇 1 年可捕食鼠类 130 只；1 条黑眉锦蛇 1 年可捕食鼠类 150 只以上，尤其是夏秋季节蛇类捕鼠最多，可利用蛇类鼠口夺粮。

综上所述，利用蛇能化害为宝，养蛇可以获得很大的经济效益、生态效益和社会效益。

第二节 蛇类起源与养殖发展前景

蛇是自然界中常见的一种经济价值很高的爬行动物，它不仅种类多，分布广，而且历史悠久。据考古生物学家考证，在距今 1.5 亿年前的侏罗纪时代，地球上就有由古蜥蜴进化而成的原蛇，而后又经过蛇自身的长期进化的历程，逐渐形成了多种多样蛇的类群。毒蛇是由无毒蛇进化而来的。在地球上出现毒蛇不会早于距今 2 700 万年。据统计，目前，世界上现存蛇类有 2 600 种左右，其中，毒蛇约 650 种。我国蛇类资源比较丰富，有 173 种，毒蛇 47 种。

我国养蛇历史悠久，我国广东、广西壮族自治区、湖南、湖北、云南等省区一些地方一直保持着捕蛇和养蛇的传统。初时捕捉野蛇多作药用。到清朝末年，广东的蛇店试用蛇肉佐以各种配料，应用不同的烹调方法烧出色、香、味俱全的各类蛇宴。

蛇类产品在国内外市场极为畅销，经常供不应求，我国每年入港生蛇总数达 50 万条，同时输入冻蛇 30 吨左右，占总输入量的 70% 以上。广州市每年供应餐馆经营的毒蛇达 10 万条。在国际市场蛇毒的需求量越来越大，1 条毒蛇每年可取毒 2.5 克，在国内外市场上比黄金贵很多。

由于滥捕乱杀蛇类，自然界蛇类资源遭到破坏。当人们认识到蛇在大自然中的作用和蛇对人类的贡献时，特别是蛇毒的临床应用，养蛇热在我国各地应运而生。目前我国已经有很多地方捕捉野生蛇驯化饲养，如 1 个人全年养 200 条尖吻蝮（五步蛇、蕲蛇）可获利 4 万元左右，如湖南永州之野异蛇实业有限公司 1993 年由 8 户农民自愿合作组成，到 1998 年 3 月，拥有固定资产、流动资金 1 300 万元；占地面积 8 公顷，从事蛇类养殖和蛇产品开发，自行研制的永州异蛇酒多次被评为国家级金奖产品。1998 年，仅 2 月份就销售到新加坡异蛇酒 150 吨，创汇 260 万元。由此可见毒蛇驯化饲养可取得较好的经济效益。

目前，我国蛇类养殖方式主要是散养、半散养。蛇池、蛇箱或蛇房，捕捉野生蛇种短期暂养，少数小规模精养等养殖方式。采取人为控制种蛇、幼蛇和成蛇，饵料饲养和产品加工等。有些养蛇场对蛇的饲养管理尚未采取高密度、集约化养殖方式或处于试验阶段，需要不断地从生产实践中总结提高，逐步形成集约化养殖方式。当前全国各地农村家庭蛇类养殖场取得了很好的经济效益，并不断地从生产实践中总结提高，促进了养蛇业的健康发展。

第二章 蛇的外部形态及内部结构特征

第一节 蛇的外部形态

蛇类的总体特征是皮肤有着各种色彩和斑纹，各种之间差别较大，蛇身体细长，呈长圆筒形，全身被以角质化鳞片，有保护肢体的作用，并能防止体内水分的散失。全身分为头、躯干及尾3部分。头与躯干之间有颈部，界限不明显，躯干部与尾以泄殖孔为界，尾部自泄殖孔后端（尾基部）起逐渐变细，呈短柱状或细长或侧扁，四肢退化。蛇的爬行可以做水平波浪式运动，或蜿蜒运动，或侧向运动，或直线运动，或伸缩运动，主要靠身体在平面上左右弯曲摆动进行。

1. 头部

一般无毒蛇的头多呈圆锥形，有毒蛇头表面多呈三角形。头部两侧有一对眼，无上下眼睑，所以眼睛不能闭合，但眼上覆盖着一层透明的膜；没有外耳及鼓膜结构，只有内耳，中耳腔和耳咽管均退化，但其听小骨（耳柱骨）存在，它虽然听觉十分迟钝，不能接收通过空气传来的声波，但能敏锐接收地面震动传来的声波，通过头骨的方骨经耳柱骨而传进内耳，从而产生听觉。眼前方有一对鼻孔，为呼吸空气的门户，但并非是嗅觉的主要器官，嗅觉主要依靠口腔顶部的一对凹状"犁鼻器"。有的毒蛇如蝰亚科的蝮蛇、尖吻蝮等，在头两侧外鼻孔与眼之间有一处三角形陷凹（位置相当于颊部），叫做"颊窝"（即热感受器），又叫蛇的红外线感受器（图1），颊窝是一个热敏器室，对周围环境温度变化敏感。颊窝内有一薄膜（一层薄的上皮细胞），上面密布神经末梢，其末端呈球形膨大，其内充满线粒体，当神经末梢接受刺激时，线粒体的形态发生改变，因此能判断温度变化。颊窝膜上面分布着三叉神经（第5对脑神经）末梢，是感觉冷热的器官，是蛇调节体温的装置，蟒科部分蛇类在唇部有唇窝，是一种热测位器，能感知百分之几摄氏度的温差。蛇的下颌骨与能活动的方骨相连，且左右下颌前端不愈合，使蛇的上下颌能张开130°。因此，能吞咽大型的食物。蛇舌细长（俗称"蛇信子"），前端分叉，无味觉功能，但可以通过舌的不停伸缩，把空气中的化学物质吸附在舌面上，再送进位于口腔顶部的犁鼻器而产生嗅觉。毒蛇头部两侧口角的上方有毒腺（被皮肤包被着，外部看不见，见图1），为变态的唇腺，毒腺分泌毒液，毒腺的前端有一细长管道和毒牙基部相通，由于毒腺表面的肌肉收缩，毒液可从毒腺挤出，经过毒牙的管沟注入捕获物体内。在上下颌骨和腭骨上生长着两排或数排尖细的实心齿，毒蛇除实心齿外，在上颌骨前端或后端长有毒牙。有的毒牙呈管状叫管牙，如蝰蛇和蝮蛇等毒蛇的毒牙；有的毒牙呈水沟状叫沟牙，着生在上颌前端的沟牙叫前沟牙，前沟牙毒蛇如眼镜蛇、金环蛇、银环蛇、海蛇等。着生于上颌后端的毒牙叫后沟牙（图2），如泥蛇、水蛇等。无毒牙一般长在上颌骨、腭骨、翼骨和下颌骨上，是大小相同的锥状牙齿，细小而尖锐，且略向内弯曲，没有沟和管，也无毒腺相连，主要作为猎食和辅助吞咽的工具。

2. 躯干部

蛇类躯干呈长圆筒状，有鳞片覆盖，鳞片呈六角形或圆形。各部鳞片的形状、大小、数量、排列方式、图案以及肛鳞、尾下鳞的数目等是蛇分类的重要标志。因为蛇类不同属种的鳞片差异相对明显，而在同一种内的不同个体则较为一致，仅有较小的个体变异。躯干部的鳞片有背鳞、侧鳞、腹鳞和肛鳞之分，其中以背鳞片较小，陆生树栖蛇类的腹鳞是一列特别大的鳞片。躯干后端的腹面具有 1 条裂缝为肛门，蛇类没有口肢（图1）。

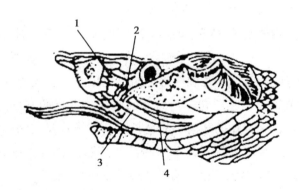

图1　蝰亚科毒蛇的毒腺

1. 颊窝；2. 毒腺；3. 管牙；4. 预备牙

3. 尾部

蛇类尾部自泄殖孔后端（尾基部）起逐渐变细长，呈鞭形、侧扁形或短柱形。毒蛇尾部短而钝或侧扁；无毒蛇的尾长而尖细。陆生蛇尾细长或呈短柱形，而海生蛇尾侧扁呈桨状。雄蛇尾较细长而雌蛇尾较短胖，这是区分雄蛇和雌蛇的主要区别点之一。

第二节　毒蛇和无毒蛇外部特征鉴别

毒蛇和无毒蛇在体型和体色上因种类不同而有差异，只要仔细观察是可以区别出来的。归纳起来有以下几点。

①一般毒蛇类头形较大，多呈三角形，颈部较细；无毒蛇的头部较小，呈椭圆形，与颈部无明显界限。

②毒蛇的身体粗而短，长得不相称。自泄殖孔后尾部骤然变细（前沟牙类的尾或细长或侧扁），尾巴短而钝或侧扁；无毒蛇的身体较细长，长得比较匀称，自泄殖孔后尾巴逐渐变细，尾巴长而尖细（图2）。

③多数毒蛇的体色和斑纹比较鲜艳；无毒蛇体色多不鲜艳。

④毒蛇有毒牙和毒腺。毒蛇的口腔里除长了无毒牙齿外，两侧的上颌骨上还长有较长而大的毒牙，毒牙的基部与毒腺导管相通，无毒蛇的牙齿一般是长在其下颌骨及其间的翼骨、腭骨上面。牙齿形状、大小相同，都是锯齿状成行排列的尖细实心牙，无毒腺相连。毒蛇在头部两侧，眼后、口角上方都具有1对毒腺，是分泌和贮存毒液的器官，毒腺导管是输送毒液的管道；而无毒蛇没有毒牙和毒腺。

⑤毒蛇眼的瞳孔多直立作披裂形（前沟牙类为圆形），两眼间有大小相间的鳞片，管牙类毒蛇眼前有颊窝；无毒蛇眼的瞳孔为圆形，两眼间只有大形鳞片，无毒蛇无颊窝。

⑥毒蛇除眼镜蛇科和蝮形蛇属卵生以外，其余毒蛇为胎

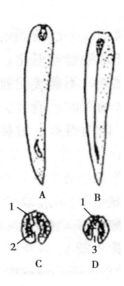

图2　毒蛇的毒牙

A. 管牙；B. 沟牙；C. 管牙横切；D. 沟牙横切

1. 齿髓腔；2. 毒管；3. 毒沟

主；无毒蛇均为卵生。

　　上述依据蛇的外形特征鉴别毒蛇和无毒蛇不是绝对准确的，只能作为一般野外鉴别的依据。如毒蛇中眼镜蛇、眼镜王蛇、金环蛇、银环蛇等头部不呈三角形而呈椭圆形，外形没有毒蛇的特点，像是无毒蛇；但尖吻蝮、蝮蛇和眼镜蛇的尾巴粗大，而竹叶青蛇的尾巴较细长，它们都是毒蛇。无毒蛇如颈棱蛇（伪蝮蛇）和花颈蛇等的头部却呈三角形。也有很多蛇体色泽鲜艳、有警戒色的如火赤链、百花锦蛇、玉斑锦蛇等却是无毒蛇。而毒蛇蝮蛇无鲜艳的警戒色，体色灰褐为主，不引人注意。此外，还有几种无毒蛇的外形或色斑很似有毒蛇，容易与毒蛇混淆．如黄链蛇（又称黄赤链）的背部有黑黄相间的横纹，常被误认为金环蛇；黑背白环蛇的背部有黑白相间的横纹，常被误认为是银环蛇；翠青蛇全身绿色，常与竹叶青混淆。毒蛇与无毒蛇最根本的区别是毒蛇上颌上有大的管状和沟状毒牙，并有毒腺（图3）；而无毒蛇无毒牙和毒腺。毒蛇按其毒牙的构造及毒牙着生的位置可分为沟牙和管牙两大类。

第一类是沟牙类。沟牙类毒蛇具有沟牙一至数对，着生在平置的上颌骨上。各个沟牙的前缘都具有一条纵沟，毒腺所分泌的毒液就沿着纵沟注入捕获物的体内。沟牙类毒蛇的沟牙位置不同，或无毒牙之前，或在其后。在前者属于前沟牙类如眼镜蛇科、海蛇科；在后者则称为后沟牙类，如游蛇科中侧鼻蛇亚科和仰鼻蛇亚科。

第二类是管牙类。管牙类毒蛇具有管牙1对，着生于短而能竖立的上颌骨上。管状毒牙长大，略带弯曲，且能活动，着生在短而能竖立的上颌骨上。管牙内有一条细管，贯穿整个毒牙的基部与毒腺的管道相通，当其向敌方攻击时，毒腺内挤出的毒液便沿着此管由牙端的管孔射出。管牙类毒蛇一般只有1对管状毒牙，没有普通齿。但管牙的后面还有若干枚副牙；当管牙缺损时，副牙即行替代主牙的作用。

毒蛇的毒腺所分泌的毒液，主要有神经性及血液性毒两种。前沟牙类以分泌神经性毒液为主，后沟牙类的毒性较轻；管牙类以血液性毒液为主。属于管牙类毒蛇的蝰蛇科和蝮蛇科蛇类的区别是蝰蛇科蛇的眼前无颊窝，而蝮蛇科蛇有颊窝。

为了方便掌握鉴别毒蛇与无毒蛇的方法，现将毒蛇与无毒蛇的形态及生殖主要特征作一简要比较（表1）（表内只有第一项是可靠标准，其他各项皆有例外）。

表1　毒蛇和无毒蛇在形态上的区别

特征	毒蛇	无毒蛇
毒牙	有	无
色彩斑纹	大都鲜明	大都不鲜明
头形	较大，多呈三角形	较小，多呈椭圆形
尾部	较短，自泄殖孔后骤然变细	较长，自泄殖孔后逐渐细
瞳孔	大多呈披裂形	大多圆形
生殖	大多卵胎生	大多卵生
动态	栖息时经常盘曲，爬行时较大意，一般较凶猛	栖息时不盘曲，爬行时较敏捷，多数不凶猛

第三节　蛇的内部结构

一、骨骼系统

　　蛇体的骨骼发育良好，蛇的骨骼包括头骨、脊椎骨和肋骨3部分，无四肢与胸骨（蟒蛇有腰带的痕迹和后肢残余）。蛇的头骨由脑颅、咽颅和颌颅组成（图3）。蛇类头骨和膜性硬骨后缘消失，方骨（软性硬骨）露出。方骨与下颌骨形成关节。由于方骨周围缺乏膜性硬骨的束缚，具有较大的活动性，所以可使口腔张得很大。蛇类不仅左右颌骨成为能动关节，而且腭骨、翼骨、横骨与鳞骨也彼此形成能动关节，它们彼此之间仅以韧带相连（图4），这种结构便于吞食较大的

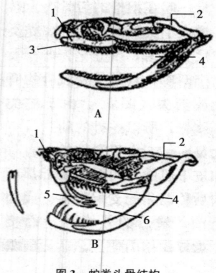

图3 蛇类头骨结构

A. 无毒蛇类头骨：示无毒牙；B. 有毒蛇（管牙类）头骨：示
管牙的位置

1. 上颌骨；2. 方骨；3. 上颌齿；4. 翼骨齿；5. 副牙；6. 管牙

食物。蛇的脊椎骨数目多者可达 500 块，脊柱分区不明显。
脊椎分为寰椎、枢椎、躯椎及尾椎 4 部分（图5）。颈椎的枚
数较多，前面两枚分化为寰椎和枢椎。寰椎与头骨的枕骨髁
关节相连，能与头骨一起在枢椎的齿骨突上转动，增大了头
部的灵活性。蛇类适应钻穴生活，仅分化为尾椎及尾前椎两
部，其带骨和肢骨均有退化或消失（图8）。由于蛇类不具胸
骨，所以蛇类的肋骨具有较大灵活性，由于脊椎的左右弯曲
和皮下肌的作用而使肋骨都能作前后移动，能支配腹鳞完成
爬行运动，鳞片的外缘和地面接触，靠反作用力使蛇能贴地

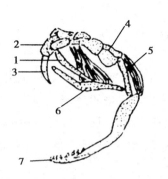

图 4　毒蛇毒牙坚立时的头骨

1. 外翼骨；2. 上颌骨；3. 毒牙；4. 鳞骨；5. 方骨；

6. 翼骨；7. 下颌

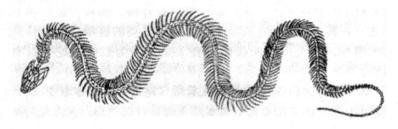

图 5　蛇的脊椎结构

面爬行。另外，每一椎体除有前后关节突相连外，在神经弧的前面脊髓管的上面有楔形关节突起，其后方有关节窝，前后椎体因此关节而更紧密，也更灵活，当蛇休眠时，体作螺旋状弯曲，这种灵活的弯曲即因此种关节之故。

二、肌肉系统

蛇类的肌肉分为头部肌肉、躯干部肌肉、尾部肌肉及皮肌。头部肌肉分布于头部眼的周围及背面、腹面、两侧；躯干部肌肉分为轴上肌及轴下肌，并有长肌和短肌之分；尾部肌肉结构基本同躯干肌肉；皮肌分布于躯干部的腹面。

三、消化系统

蛇的消化系统包括消化管和消化腺两部分。消化管分为口腔、食道、小肠、大肠和泄殖腔等器官。从食道至大肠的整个消化管上富有皱褶，可增大其表面积，利于吞食较大食物和加强消化、吸收功能。蛇舌可以伸出很远，细长而分叉。大多数蛇是被动方式猎食的，等待猎物进入其猎取范围，以突然攻击而捕获。蛇主要用口来猎食，无毒蛇一般用其上下颌着生的尖锐牙齿来咬住猎物。当蛇捕到大型猎物时，先以身体缠死或压挤使之成为细长状，左右下颌交互前后运动，并借沟状牙齿的辅助，逐渐把食物送入咽头。口腔腺分泌液只润湿食物，以助于吞咽。毒蛇的毒腺多与特化的毒牙相通，靠其毒牙来注射毒液使被咬猎物立即中毒而死。吞咽时，则见喉头呈管状向口腔前部突出或突于口外，这样不至于在吞咽食物时，妨碍呼吸作用的正常进行。当食物吞到咽部时，颈部相应膨大处的肌肉也能向后做波浪状运动，同时相应的肋骨也在运动，共同将食物送到胃内（图4、图5）。

蛇胆由胆囊和胆管组成。胆囊是浓缩和贮存胆汁的器官，贴附于肝脏。食进脂肪性食物时，胆囊壁收缩，使胆汁经胆囊管和胆总管排出，进入十二指肠，具有消化脂肪的作用。蛇的胆囊大多呈墨绿色，少数呈淡红或淡黄色，其形状随不同蛇种而异。例如，眼镜蛇、银环蛇等的胆囊壁较光滑；百花锦蛇、黑眉锦蛇、王锦蛇等的胆囊呈椭圆形，前端尖而末端钝圆，胆囊壁较厚而光滑；而眼镜王蛇的胆囊呈卵圆形，胆囊壁光滑；灰鼠蛇和滑鼠蛇的胆囊呈长卵圆形，胆囊壁平滑。胆管一般细长而略扁，且较柔韧。蛇的消化能力很强，能充分消化食物，连骨骼也无残留。蛇消化食物的速度与环境温度有关，在其他因素相同的条件下，环境温度越高，蛇的消化速度越快；反之则慢。一些不易消化的鸟兽毛等随粪排出。

四、呼吸系统

蛇的呼吸器官包括鼻、喉、气管和肺4部分。蛇类有较长的气管，其长度大体随颈之长度而异，管壁由气管软骨环支持。气管的前端膨大形成喉头。喉部构造复杂，呼吸道有明显的气管和支气管的分化，气管末端通入肺。肺通常是一对，前后排列，但左肺大多退化或缺少，仅具一侧（右）肺。肺呈一个囊状，但其内壁形成若干蜂窝状的结构。某些仅具一侧肺的蛇类，其支气管也仅具一条，其肺活量较小。呼吸动作是靠肋骨和腹壁肌肉的活动改变肺囊体积方式来完成的。

五、循环系统

蛇的循环系统包括心脏、血管、淋巴管及血液等4部分。血液循环虽然仍属于不完全的双循环，但心室内出现不完全的分隔，含氧血和缺氧血进一步分开。血液循环主要完成新陈代谢这一生理功能。

六、泄殖系统

蛇的泄殖系统包括泌尿和生殖两个部分。泌尿系统主要包括肾和尿管两部分。蛇的肾脏是后肾，肾单位数量多，泌尿能力很强，排泄尿酸，并运输尿，蛇类无膀胱。将尿液排到泄殖腔。

蛇类是雌雄异体动物，因蛇体形细长，故生殖器官是前后排列的。雄蛇有精巢1对，精液借输精管达于泄殖腔，泄殖腔壁具有可膨大而伸出的成对交接器半阴茎（图6和图7）。平时半阴茎收缩在蛇体尾基部内，交配时阴茎竖立，从泄殖孔伸出体外，蛇的半阴茎内壁上有许多小棘，棘的大小和数量因蛇的种类而有不同，半阴茎的形状也因种而异。雌蛇有1对狭长的卵巢和输卵管，输卵管分3段，前端喇叭口开口于体腔，中段具有伸缩性。输卵管的下部具有能分泌形成革质的腺体，称壳腺。输卵管的后段管壁特别厚，管腔大，末端开口于泄殖肛腔（图8）。雌雄交配后，雄蛇借交配器将精液输入雌蛇的泄殖腔内，雌蛇产生受精卵，受精作用在雌蛇的输卵管上端进行，卵生蛇类的受精卵沿输卵管下行。在

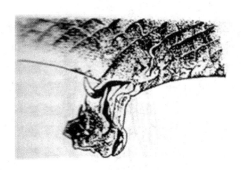

图 6　翠青蛇（雄）交接器放大

输卵管下段由管壁所分泌的蛋白和卵壳包裹后，从泄殖腔产出体外，发育成新个体。有些毒蛇卵胎生，受精卵留在母蛇体内的输卵管内发育，直至胚胎发育成幼体时产出。

七、神经系统

神经系统包括中枢神经系统和外周神经两部分。中枢神经系统由脑和脊髓组成，蛇脑分为大脑、间脑、中脑、小脑、延髓 5 部分，是蛇的最高统帅机构。但蛇的小脑并不发达，仅为一个半圆形的褶，外周神经包括脑神经和脊神经，蛇类具有脑神经 11 对，是一种感觉运动神经支。

八、感觉器官

蛇的感觉有视觉、听觉、嗅觉、触觉和热感觉等，都很灵敏。蛇体感受器能接受外界环境各种不同的刺激，通过神经冲动感知自然界发生的情况。

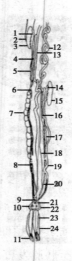

图7 雄蛇的泌尿生殖系统

1. 右侧附睾；2. 肺脏后端；3. 右侧精巢；4. 右侧附肾；
5. 输精管；6. 右侧肾静脉；7. 右侧肾脏；8. 右侧输尿管；
9. 肛门；10. 交配器开口；11. 交配器的肌肉；12. 十二指
肠；13. 肾静脉；14. 左侧附睾；15. 左侧精巢；16. 左侧肾
静脉；17. 左侧肾脏；18. 直肠；19. 左侧输精管；20. 左侧
输尿管；21. 泌尿孔及生殖孔；22. 泄殖腔背室；23. 交配器；
24. 臭腺

1. 视觉

蛇的视觉器官是它的眼睛，位于蛇头的两侧，眼球由最
外层的巩膜、中间层的角膜和内层的脉络膜组成。巩膜不透
明，有保护眼球的作用；角膜透明，中央有圆形瞳孔。由于
蛇眼没有能活动的上下眼睑，也没有瞬膜，所以蛇的眼睛都
是睁着的，不能闭合。当蛇蜕皮时也会蜕去透明圆膜表面的
角质层。喜欢在白天活动的蛇，眼较大，瞳孔圆形，但视觉

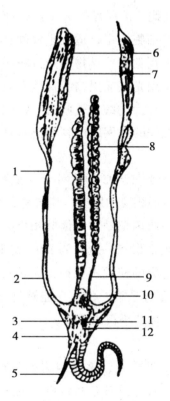

图 8　尖吻蝮雌蛇的泌尿生殖系统

1. 输卵管；2. 子宫；3. 生殖孔；
4. 臭腺孔；5. 臭腺；6. 卵巢；7. 肾上
腺；8. 肾脏；9. 输尿管；10. 直肠；11.
肛门；12. 输尿管孔

并不发达，这类蛇的视网膜细胞以大单视锥细胞和双视锥细
胞为主，可适应白天视物，如眼镜蛇、眼镜王蛇等属此类型。
而大多数夜间活动的蛇怕强光，喜欢在白天隐伏，夜间活动，
瞳孔多为直立椭圆形，可避免白天的强烈光线，到晚上则散

大呈圆形。如金环蛇、银环蛇等大多数夜间活动的蛇，视网膜的视细胞以被杆细胞为主，适应于夜间视物，使蛇能在晚上微弱光线下产生视觉而看见物体。盲蛇科的蛇眼隐藏在鳞片之下，只能感觉到光亮或黑暗。其他穴居蛇类的眼也比较少，视觉不发达，如尖吻蝮、竹叶青、蝮蛇等蛇多于晨昏外出活动觅食，这类蛇的视网膜的视细胞昼视、夜视细胞兼有（图8）。

蛇的晶状体几乎是球形的，对于远近距离不同的物体，由于没有改变曲率的相应的肌肉，其曲率也就始终不能改变，只能靠不同的一组肌肉把晶状体像照相机的透镜一样整个地移远或靠近视网膜来聚焦，这种调节的范围是有限的，除少数树栖种类外，蛇类的视觉不敏锐，尤其对于静止的物体不敏感，蛇类的远视力是很差的，只能看见较近距离的物体，距离1米以外的物体几乎很难看见。

2. 听觉

蛇类一般听不见声音，这是因为蛇类没有外耳、中耳、鼓膜、鼓室和耳咽管，没有东西将声波的压力脉冲变成震动传至内耳，不能听到声波，但是蛇类有听骨（耳柱骨）和内耳。蛇中耳的听骨一端连于内耳的卵圆窗（前庭窗），另一端不连于鼓膜而连于悬附下颌的方骨附近的横骨上隔肌的内侧方。蛇身体紧贴地面活动，对外界震动如人或动物接近的脚步声对地表产生的震动，可以通过贴在地面的蛇的骨骼（肋骨）经听骨、经耳柱而传递到内耳，它的脑就能够接收经由听神经传来的震动。所以打草惊蛇可以使蛇惊逃，从而避免人被蛇伤。据测定，蛇类能接收的声波的频率一般在100～

700赫兹。此外，与耳有联系的耳迷道可与眼睛和肌肉协同作用产生平衡觉，使蛇类能够将身对称弯在树枝或栅栏两边来保持平衡。

3. 嗅觉

蛇类的嗅觉器官由鼻腔、舌和锄鼻器（又称犁鼻器）3部分组成。蛇的嗅觉功能主要是锄鼻器和舌。锄鼻器是蛇鼻腔前面的一对盲囊状结构，与鼻腔没有联系，开口于口腔顶壁。锄鼻器的表面布满嗅觉上皮，通过嗅神经与脑相连，为蛇类一种嗅觉器官，但由于它不与外界直接相通，所以不能直接辨别外界的气味。因此，需要蛇的舌头来完成从外界探测搜集空气的气味。

蛇的舌头细长，舌尖分叉，非常灵活，舌体由多种走向的横纹肌组成，横纹肌肉有丰富的纤维分布，能不断迅速伸缩，蛇舌的上皮组织中没有味蕾。当蛇探测搜集空气中的气味时，蛇舌分叉，经常从吻鳞的缺刻伸出来不停闪动。当舌尖搜集到空气中各种物质的化学分子后，将其黏附或溶解于舌头的湿润表面上缩回口腔，舌尖便插进锄鼻器两个盲囊内壁上的感觉上皮，这种上皮与脑之间的神经连接从而产生嗅觉，蛇喜腥味而厌恶芳香气味。

4. 触觉

蛇类的触觉也很敏锐，且广布全身，除了完全水生和穴居的蛇类以外，很多陆生和树栖的蛇都有一个定位的感觉点，有人认为这些点可能都是热感受器，称之为"端窝"，因为它们在背部及两侧所有鳞片的游离端呈极小的圆形窝状，每个鳞片上的窝数不等，有1个、2个或4个、5个，每个"窝"

是由鳞片角质层局部变薄构成的，在这薄层下面的表皮细胞有丰富的神经纤维束。在游蛇科中的游蛇属、锦蛇属等蛇的身上某些特化的触乳头分为两类，其中一类在唇上及颏下，另一类则在肛门区，求偶时雄蛇体用颏部摩擦雌蛇体，以刺激求偶的活动，同时也使动物在密切接触时，能够正确地互相对准位置。

5. 热测位器

又叫红外线感受器，对红外线特别敏感，蝮亚科的蛇，如蝮蛇、尖吻蝮、烙铁头、竹叶青等毒蛇，在它们的头部两侧外鼻孔与眼之间有一个凹陷，因为其位置相当于颊部，所以称为颊窝。蛇的颊窝是在胚胎发育晚期形成的构造，是蝮亚科蛇类适应觅食的一个热敏器官。经研究表明，颊窝为一层 10~15 微米厚的薄膜，颊窝膜把颊窝分隔为内室和外室。内室有一个小管开口于皮肤，可以调节内外室的压力。室间的薄膜上有第 5 对脑神经的分支末梢。有关的神经末梢接受刺激后，细胞的线粒体在形态上发生变化。实践证明，仅有约 8×10^{-5} 焦/平方厘米的微弱能量变化，就能使颊窝产生活性，并能在 35 毫秒的时间内产生反应。这种反应之速度和感应力，即使是现代最敏感的红外线探测仪也很难在黑夜准确地觉察附近鸟、鼠等恒温动物的位置和距离。所以颊窝是一种有助于蛇夜间觅食的感受器。具有颊窝的毒蛇夜晚有扑火的习性。山区夜间用火把照明行路，往往会遭到蝮亚科毒蛇的突然袭击。捕种蛇者可利用毒蛇颊窝对温差感觉灵敏，夜晚用火把引蛇出洞。

唇窝为蟒科部分蛇类所具有，呈裂缝状，其结构与蝮蛇科蛇类的颊窝相似。因其位于唇鳞片处而得名，其作用和颊窝相同，也是热测位器，可以感知0.02℃的温差。蝰亚科的某些种类的鼻孔上方也有小窝，其神经分布几乎同颊窝。

第三章 蛇类生活习性与繁殖习性

第一节 蛇类栖息场所

蛇类在长期的进化过程中形成了多种多样的类型，具有独特的生活特性，以适应外界生存条件的变化。了解、掌握蛇类的地理分布、栖息活动场所和活动规律，可以更好地养殖、保护和利用蛇类资源。

蛇类分布的生活地域主要由海拔高度、植被状况、水域条件、食物对象等因素决定。蛇的栖息环境多样性是蛇在长期的进化过程中，为了适应外界生存条件的变化而形成的一些独特的生活习性。所以，一种蛇一定要选择温度适宜，隐蔽性好，附近食物丰富，离水源近的地方为生活栖息地。各种蛇的栖息环境以及它们长期适应一定环境而获得的形态特征都是相对稳定的。研究掌握蛇类的生活条件及其生活习性，对于人工养殖利用蛇类和预防被蛇咬伤具有重要的意义。

蛇的栖息环境一般多数为陆生，少数为树栖或水生。不同种类蛇的栖息环境也有差异。现仅介绍几种常见的蛇类栖息环境。

1. 陆栖类

大多数蛇类陆栖地面生活。其特点是体形一般，较少特化，腹鳞多较宽大，在地面上行动迅速。生活在山区的游蛇科如颈棱蛇（伪蝮蛇）生活在我国南方的高山草丛中。蝮蛇科尖吻蝮、烙铁头、丽纹蛇等多生活在山区。生活于平原丘陵地带的蛇类种类也较多，如分布于中国南方各省的眼镜蛇科的眼镜蛇，多在丘陵小山坡、坟堆、灌木丛中栖息；眼镜王蛇也栖息于山区或平原；蝮蛇、蝰蛇、金环蛇、银环蛇等多栖息于平原及丘陵地带草丛；在中国南北广大地区较为常见游蛇科的火赤链生活于田野及村庄附近。分布于中国南方各省黑眉锦蛇主要在高山、草原园地栖息，尤其喜在房屋内及其附近栖息。乌梢蛇生活于丘陵、平原及山区田野。生活于沙漠荒壁地带的有沙蟒、花条蛇等。

2. 穴居类

蛇大多栖息于鼠等兽穴或树根旁、土坎上的裂隙，经过头拱、体压加工而成的洞穴之中。这种洞穴的洞口和洞壁经蛇体摩擦而比较光滑。属于洞穴生活的蛇有盲蛇科、闪鳞蛇科及游蛇科的蛇，多是一些中小型蛇类。这类蛇的形态特征是头小而钝，头骨联结牢固；口小，口前方略为突出；眼不发达；尾短；身体圆柱形，腹鳞没有分化或不发达。如游蛇科钝尾两头蛇，在高山区及平原营穴居生活，其体背色灰黑色或灰褐色，颈部有黄色斑纹，腹部橙红色，散布黑点，尾圆钝，有与颈部相同的黄色斑纹，且有与头部相同的行动习性，乍看颇像头部，故名"两头蛇"。在泥土中以昆虫和蚯蚓为食。晚上或阴暗天气到地面上来活动。

3. 树栖类

有些蛇大部分栖息于灌木丛或乔木树干上，尾能缠绕树枝。其形态特点是蛇体细长，尾长，适于缠绕树干和树枝；眼大，视觉相对发达；腹鳞宽大，中央较平而两侧略向背部翘起，有侧棱。如我国南方山区森林中陆地生活的游蛇科的翠青蛇（又名青竹标），体背鲜草绿色，腹面淡黄绿色。以昆虫、蚯蚓等为食。此科中营树栖生活的还有绿瘦蛇，通身绿色，腹面淡绿色，视力极发达。蝰蛇科有喜在山区森林中营树栖生活的竹叶青（剧毒蛇），头顶青绿色，体背和侧面呈草绿色，腹面呈淡黄绿色，尾端呈焦红色。蝰蛇科的烙铁头等也常攀缘于树上。有一种金花蛇是典型的树栖蛇，攀缘力强，能沿树干爬行，可将尾部缠绕在树枝上，细长的身体可急速伸出腾空攀向相距较远的树枝上去捕食。

4. 水生类

有些蛇大部分时间在水域内活动及摄食。以淡水为栖息场所的蛇类，大多在水塘、溪沟、稻田等淡水域内活动及觅食。这类蛇的形态特征是蛇体较粗短，尾部较短，腹鳞不发达，鼻孔位于近背侧。有的鼻孔前具有瓣膜，以适应水中生活。如后沟牙类毒蛇属生活于水稻田或水塘中；游蛇科中的水赤链蛇（无毒蛇），生活于水田及池沼的污泥中，背面呈灰褐色，体侧有黑色横纹，两黑色斑之间呈橙黄色。游蛇科的山溪后棱蛇头较小，背腹扁平，背部呈褐黑色、棕黄或灰黑色，离水时间长久不能生活。此科的后沟牙类毒蛇（具有轻微毒性，均为南方食用蛇类）在我国华东及华南地区常见生活于低山区或平原、丘陵的溪流、水稻田、泥塘、湖泊水中。水栖蛇类的铅色水蛇和中国水蛇，前者背面为灰橄榄色，鳞缘色深，形成网纹；后者体粗尾短，背面呈深灰色，具有大小不一的黑点，以鱼、蛙、泥鳅、鳝鱼等为食。此外，还有终生生活于海水中的前沟牙类毒蛇中剧毒的海蛇，其形态特征为尾侧扁，鼻孔一般开口于吻背，躯干也略侧扁，腹鳞不发达甚至退化消失；无毒蛇类中的瘰鳞蛇也终生生活于沿海的河口地带，这种蛇的形态特征与海蛇相似。它们都是以鱼类等水生动物为食。

　　蛇类属于变温动物，又称冷血动物，环境因素直接或间接地影响蛇类的生长、发育、生殖和觅食活动。在地面生活的蛇经常出没活动，寻找适宜其生活的栖息和活动场所，选择适于它隐蔽的场所和食物对象。我国大部分地区一年四季气候变化明显，对蛇类等变温动物有着直接的影响，因而蛇类活动的季节性也相当明显。例如，夏秋季节，多数蛇类离开冬眠过的场所，迁到适于隐蔽凉爽而又富于蛙、鼠和昆虫等食物的灌木丛、鼠洞、坟墓、石堆的地方或山区、田地附近、水边栖息和捕食。分布于我国南方的营陆栖生活的烙铁头、竹叶青、过树蛇常栖息于树上，但也常见于陆地生活；在山区、平原及丘陵地带可见到眼镜蛇、眼镜王蛇和蝮蛇等。我国新疆西部的一种草原蜥，多见于蝗虫（食物对象）、鼠洞（隐蔽场所）多的干草原。由此可见，蛇类的生活环境不是固定不变的。我国民间总结出蛇类栖息生活规律"七横、八吊、九缠树"的经验，即蛇在7月喜欢横卧路上，8月常常吊挂在树枝上，9月则喜欢缠绕在树干上。秋冬季节气温下降变冷时，蛇的体温随之下降。当气温下降至6~8℃时，一般蛇类停止捕食活动。气温下降至2~3℃时，蛇类寻找温暖干燥的地下同穴不食不动进行冬眠。

第二节　蛇类食性与摄食

　　自然界中蛇类的食物十分丰富。蛇主要吃活的动物，包括从低等的无脊椎动物和蚯蚓、蛞蝓、蛇、鸟、鱼、蛙、蜥蜴以及昆虫等，甚至小型兽类。也有少数蛇除食活食外，偶尔也吃死的动物，但不食腐败的动物尸体。蛇吃植物非常少见，但曾有人见到蟒蛇吃芒果或番茄。研究蛇的食性，有利于为饲养蛇供应食料。蛇的种类很多，各种蛇所摄取的食物也不相同，狭食性的蛇专吃某一种或几种食物，如翠青蛇吃蚯蚓；钝头蛇吃陆生软体动物如蛞蝓、蜗牛等；锈链游蛇嗜吃蛙类与幼体蝌蚪；乌梢蛇吃蛙；眼镜王蛇专吃蛇或蜥蜴。眼镜蛇、蝰蛇、尖吻蝮、蝮蛇等不但吃鼠、蛙，还捕食鸟类；银环蛇喜吃鳝鱼、泥鳅；金环蛇以鱼、蜥蜴、蛇为食；烙铁头以蜥蜴、鼠类和鸟为食；竹叶青以蛙、蜥蜴和鼠类为食；海蛇均以鱼类为食；百花锦蛇和黑眉锦蛇除食蛙、蜥蜴、鼠类以外，还吃昆虫。大多数蛇类能捕食多种脊椎动物，称为广食性蛇类，其食性以哪类食物为主，往往与它栖息的环境有很大的关系。不同栖息地点的动物组成不同，所以，被蛇摄食的对象也不一样。例如，生活在平原、山区或丘陵地带的灌木丛的灰鼠蛇、滑鼠蛇、三索锦蛇、尖吻蝮、竹叶青、蝮蛇、蝰蛇、烙铁头等，主要捕食蛙、蜥蜴、鼠类和鸟类。渔游蛇行半水生性，以鱼类、蛙及蝌蚪、鳝鳅等为食；银环蛇、金环蛇等生活于平原、山区或丘陵地带多水处，以鱼类、蛙类、蜥蜴、蛇卵、鸟类为食；青环海蛇生活于我国沿海，以蛇鳗的幼体如尖吻蛇鳗为食；而长吻海蛇，生活于远离海岸的大洋区，以小型鱼类和甲壳动物为食。

　　蛇类的食物，特别是广食性蛇的食物对象和食量都不是固定不变的，蛇在不同季节活动地点有所变化。例如，草原蟒在春季的食物以蜥蜴为主，在夏季又以蝗虫为主要食物，偶尔也吃一些鼠类等小型啮齿动物。又如眼镜蛇春秋两季多在洞穴活动，以鼠为主要食物；而在夏季和秋初（5~9月）则分散到山脚、田野、河滨、沟旁、稻田、菜园、墙脚，甚至爬入房舍，食性广，以鼠类、鸟及鸟卵、蜥蜴、蛇蛙、泥鳅、鳝鳅及其他小鱼为食。此外，有的蛇成体和幼蛇的食性不同，例如蝮蛇和极北蝰成体主要吃鼠类，而幼蛇则吃昆虫或以其他无脊椎动物为食。春末夏初蛇在冬眠出蛰后，为寻偶交配期，这时蛇并不摄食，靠体内储存的脂肪维持生活。每年7月、8月和9月，蛇进入最活跃期，需要到处寻食，而且食量很大。到了秋季，随着气温的不断下降，在冬眠前期大量捕食，并以脂肪形式把营养物储藏在体内。秋末冬初蛇已很少捕食，渐渐入蛰冬眠，不食不动。

　　人工饲养蛇类时可根据上述食性，结合当地的具体情况，选择供应蛇的食料，如乌梢蛇在野外以蛙为食，而人工饲养可喂小鼠或人工填喂精肉块。特别是食性广的蛇，要尽量使食物多样化，才能使它健康地生长和繁殖。蛇的耐饥力强，常常可见几个月甚至一年不吃。饲养蛇时却不能忽视食料供应，尽量做到喂好、喂饱，一般半月左右可以投喂蛇1次，在蛇活动频繁季节，可每月投喂2、3次，或每周1次。投喂的食物是活的动物，供蛇捕食，对于一些不能捕食的幼蛇，必要时进行人工填喂。蛇类的食量一般很大，如黑眉锦蛇，1

次可连食4、5只小鼠。喂蛇食料的同时应供给清洁的饮水，因为蛇一般都嗜饮水，在有水而无食物的情况下，耐饥时间较长。如果饲养蛇长时间缺食又缺水，会使蛇的身体虚弱，容易患病。

蛇大多数采取被动方式猎食活动物，主要凭气味追踪被猎的动物，捕获食物时先隐藏在猎物附近守候，等待猎物进入猎取的范围以后，再以突然袭击的方式用口咬住猎物，以后再直接吞食或使猎物窒息而死，再慢慢吞食。无毒蛇主要是用上、下颌着生的锐利牙齿咬住猎物以后，很快用细长身体紧缠几圈，使猎获物呼吸停止或压得比较细长后再慢慢吞食。例如一条巨蟒发现一只麂子，巨蟒先向麂子头部发起突然袭击，用尾巴把麂子缠几圈使其停止跳动、呼吸中止后，再从头到脚把整个麂子吞进去。毒蛇捕食时，用口咬住猎获物以后，毒牙不像闭口时那样垂直向下，而是稍稍向前伸出，当毒牙接触到猎获物时，口就闭起来，用毒牙咬住猎获物，并注入毒液，使之中毒，出现神经麻痹或因循环衰竭窒息而死，再慢慢吞食。例如蝮蛇发现栖息在树上的鸟后，先把细长的身子缠到树上，突然向鸟发起攻击，用嘴咬住鸟头，把上颌倾向左侧，把一只翅膀合拢，然后再将上颌倾向右侧，把另一只翅膀合拢，最后才使劲地将整个鸟体送入口内，前后历时15分钟左右。海蛇的捕食方法不同于陆地咬住注毒捕食，而是喷出毒液，能毒杀3米范围内的海里动物，再慢慢吞食。

蛇在吞食时张开口咬住猎获物后，其上颌骨、腭骨、翼骨、下颌骨能左右交替移动，同时上、下颌骨向前包住猎物

（图4）。蛇类采食时，不是咬碎后一口一口往下吞咽，一般是从头部开始（也有从咬获部位开始吞食的）整体吞食。蛇能吞食比它自身直径大4~5倍的大型动物，这是因为蛇的下颌骨左右两半未愈合，在颏部用韧带松弛地连在一起；能左右展开；腭骨、翼状骨、方骨和鳞骨彼此形成能动的关节。尤其是下颌通过方骨间接连在颅骨上，方骨周围缺乏膜性硬骨的束缚。因此具有可动性，口能张开很大，可达到130°，眼镜蛇及类似的毒蛇口甚至可张大到几乎180°。因此，蛇能吞咽下比自己头大几倍的食物。蛇在吞咽食物时，口喉张开很大，且能持续较长的时间而不会窒息而死。这是因为蛇的喉头特殊，在其气管前端有一组特殊肌肉活动能使气管的前端伸出口外。蛇在吞咽时，气管的前端便越过舌头前伸，位于分开的两侧下颌之间，使之不会被食物所堵塞。加之蛇的气管壁上又有环状软骨，这就使它不会在压力下坍陷。所以，蛇在吞食大型动物时，即使持续长时间也不会窒息而死。当食物吞咽到咽部时，颈部相应膨大处的肌肉也能向后作波浪状运动，同时相应的肋骨也在运动，共同将食物送入胃中。

蛇消化食物的能力很强，吃下的食物消化很快，毒蛇的毒腺所分泌的毒液中也含有多种消化酶，也能起到消化作用。像兽毛角和鸟羽等不易消化的物质便从粪便中排出。在正常情况下，蛇的消化速度和环境温度有关，如温度越高，其消化速度越快。蛇类蜕皮时除穴栖和半水栖蛇类正常摄食以外，陆栖性蛇类蜕皮时停止摄食。蛇的耐饥力也很强，常常几个月甚至1年不吃食也不会饿死。蛇类（除沙蟒、花条蛇等生活于荒漠或半荒漠的蛇类以外）为嗜水动物。

蛇类在 5 月份交配怀卵期、7 月份产卵期和 10 月份冬眠前期对食物需要量大、营养要求高。因此，人工养蛇应满足这三个阶段蛇的营养，这对养好蛇关系很大。

蛇类在动物分类学上属脊索动物门、脊椎动物亚门、爬行纲、有鳞目、蛇亚目。目前，世界上的蛇类达 2 600 多种。分布于中国的蛇类约有 173 种，隶属 27 亚科、46 个亚种，其中，毒蛇有 47 种，12 个亚种。由于蛇类与其生活环境是一个统一的整体，所以它们的分布和活动地区与自然环境条件有关。中国地域辽阔，地跨温带、亚热带和热带，气候温和，生态环境多种多样，各地的地形、地貌、土壤、气候和植被等自然条件都具有很大的差异性。从中国所处的动物地理位置看，横跨古北界和东洋界。古北界和东洋界在我国境内的界限是西起喜马拉雅山脉和横断山脉北端，经过北岷山和陕南的秦岭，向东直达淮河一线；属于古北界范围的有东北区、华北区、蒙新区、青藏区等 4 区。我国各省、自治区毒蛇分布状况相差悬殊，蛇类资源以东洋界分布较多，约占我国蛇类总数的 88%。蛇类在南方及热带地区尤其多，但一般用于食用与药用的经济蛇类主要是毒蛇，然而毒蛇分布范围较野生蛇类资源狭窄，且由于人为活动的影响，其分布地区和数量正日益减少。现将我国主要经济蛇种资源分布范围简介如下。

（1）蟒蛇　分布于广西壮族自治区、广东、云南、贵州和海南等省区。

（2）乌梢蛇　在我国主要分布于长江以南各省份，其他仅分布于江苏、安徽、河南、陕西、甘肃省等地。以长江中下游较多。

（3）灰鼠蛇　分布于我国四川、云南、贵州、广西壮族自治区、福建、广东、海南、台湾、江西、浙江、湖南等地。

（4）滑鼠蛇　分布于我国四川、云南、贵州、广西壮族自治区、福建、广东、海南、台湾、浙江、江西、安徽、湖北等地。

（5）百花锦蛇　分布于广西壮族自治区、广东、贵州等地。

（6）三索锦蛇　分布于云南、广西、福建、广东、贵州等。

（7）王锦蛇　分布于我国长江流域和以南地区，如云南、广西壮族自治区、福建、广东、贵州、我国台湾、浙江、四川、江西、安徽、江苏、湖北及河南、甘肃、陕西等地。

（8）黑眉锦蛇　分布于我国云南、广西壮族自治区（以下称广西）、福建、广东、贵州、台湾、四川、江西、安徽、江苏、湖南、湖北、河南、甘肃、陕西、山西、河北、辽宁等地。

（9）翠青蛇　分布于我国云南、广西、福建、广东、海南、台湾、浙江、四川、江西、安徽、江苏、湖北、湖南、河南、甘肃、陕西、山西、山东及东北等地。

（10）赤链蛇　分布于我国四川、云南、广西、福建、广东、贵州、海南、台湾、浙江、江西、安徽、江苏、湖南、湖北、甘肃、陕西等地。

（11）渔游蛇　分布于云南、贵州、广东、广西、海南、福建、江西、江苏等地。

（12）虎斑游蛇　分布于我国广西、福建、广东、台湾、浙江、四川、江西、安徽、湖南、湖北等地。

（13）金环蛇　分布于我国云南、广西、福建、广东、台湾、浙江等地。

（14）银环蛇　分布于我国云南、广西、福建、广东、海南、台湾、四川、江西、安徽、湖南等地。

（15）眼镜蛇　分布于我国云南、广西、福建、广东、贵州、海南、台湾、浙江、四川、江西、安徽、湖南、湖北等地。

（16）眼镜王蛇　分布于我国云南、广西、福建、广东、贵州、海南、江西、浙江等地。

（17）蝮蛇　分布于我国福建、台湾、贵州、四川、浙江、江西、安徽、江苏、湖南、湖北、甘肃、陕西、山西、山东、河北、宁夏回族自治区（以下称宁夏）、新疆维吾尔自治区（以下称新疆）、内蒙古自治区（以下称内蒙古）、辽宁、吉林、黑龙江等地。

（18）尖吻蝮　分布于我国广西、福建、广东、贵州、台湾、四川、江西、安徽、湖南、湖北等地。

（19）烙铁头　分布于我国云南、广西、福建、广东、贵州、海南、台湾、浙江、四川、江西、安徽、湖南、湖北、河南、甘肃、陕西、山西等地。

（20）竹叶青　分布于我国云南、广西、福建、广东、贵州、海南、台湾、浙江、江西、安徽、江苏、湖南、湖北、甘肃、吉林等地。

（21）海蛇　分布于我国广西、福建、广东、海南、台湾、浙江、江苏、山东、辽宁等沿海地区。

第三节　蛇类的活动规律

1. 季节差异性

因为蛇类与其他爬动物一样，属于变温动物，体温随环境高低而波动，体内仅产生少量的热，并且由于没有完善的保温构造和调节能力，热很容易散失，所以，需要从外界环境获得一定的热量和通过自己的活动来调节自身的体温。随着一年四季的寒暑变化，各种蛇对环境温度的变化都有一定的适应范围。因此，在环境温度或其他因素的影响下，蛇的活动呈现一定的特点和规律。蛇类种类很多，我国常见的各种蛇类特别是毒蛇的栖息环境、生活习性和活动规律是不同的，它们的活动规律随着季节的改变而改变。一般来说，蛇的活动要求温度范围是 8～35℃，最适温度是 18～25℃。这是由于长期以来蛇在一定的地区生活，对此环境的适应而形成的。例如，银环蛇在 8～35℃活动正常，18～25℃活跃，8～10℃蛰眠，5～8℃休僵，5℃以下不能生存。蛇类喜热也有一定限度，当气温高于 40℃、又无水供应时，经过一定时间能引起死亡。所以春末到冬初是蛇类活动的时期，早春和晚秋，因早、晚气温低，中午暖和，因此中午前后最活跃；夏季由于中午过热而减少活动，造成上午和下午两次活动高峰。这是蛇对恶劣环境的一种适应性生理反应，也是蛇类长期来形成的一个遗传特性。在冬眠之前蛇体肥壮，积蓄了足够的营养，初冬气温下降到 6～8℃时，蛇就停止活动，陆续钻入干燥的地洞、树洞、草堆或岩石缝隙中，盘伏冬眠。当气温降到 2～3℃ 时，蛇类不吃不动，新陈代谢降到最低水平，依赖活动季节摄取的营养物质，即以脂肪形式贮藏在体内的能量，来维持生活活动的最低需要，待到翌年 4 月春暖以后出蛰活动。分布在不同地区的同一种蛇，由于长期适应不同地区的气温变化，在各地的活动和冬眠时间也有差别。如红点锦蛇在杭州地区每年 11 月底至翌年 3 月中旬天气变暖后才出蛰活动，而在皖江地区出蛰时间略早，入蛰时间则稍迟。出蛰后一段时间并不摄食，上年越冬前体内储存的脂肪大约有一半消耗在这一时期。每年 7 月、8 月、9 月则是蛇类活动的高峰期，此时蛇类活动范围大，行动迅速，如眼镜蛇在温度较高的 5～10 月份保持较高的活动水平；而蝮蛇在温度较高的 7～8 月份活动明显下降。这是因为眼镜蛇、蝮蛇更喜高温，这可能与蝮蛇是北方类型，而眼镜蛇是南方类型的蛇种有关。在热带地区生活的蛇，有一些并不冬眠，而在气候炎热的夏季气温过高和干旱季节长时间无雨，水源干涸、严重缺水，蛇赖以生存的环境变得不利于生存时，为适应外界环境，度过炎热干旱的夏季，它们会躲在较阴凉的地方或钻入地下深居，进入夏眠状态。这也是蛇类的一种对环境适应的遗传特性。

2. 昼夜活动规律

蛇的活动除受季节温度变化影响外，还受光线变化影响，每昼夜也表现有一定的规律。决定昼夜活动规律的因素是极为复杂的，不论何种蛇外出活动，主要与被捕食对象的活动时间和环境温度等因素的影响直接相关。例如，眼镜蛇、眼镜王蛇等主要在白天外出活动觅食，但在夏季炎热时，中午烈日照射之下也会隐蔽而很少活动，常于傍晚出来活动。由此可见天气变化能影响蛇的活动。光照的强弱对于蛇的活动也有一定的影响，如夜出活动的蛇类，主要在晚上外出活动觅食，但在阴暗天气或冬季光照较弱时，夜出活动的极北蝰也于白天外出活动。蛇的生活环境不同，活动时间也不相同，生活在地面上的蛇，它们在地面上爬行迅速，觅食、活动时间不限于夜里，白天也常到地面上活动。冬眠出蛰后气温尚低或进入冬眠前已转冷时，常在白天晒太阳。还有的蛇如蝮蛇，多于晨昏时间外出活动觅食。由此可以说明，蛇的活动昼夜更替是有规律的。而生活于洞穴里的蛇，仅在晚上或阴暗天气时到地面上来活动、觅食。天气与蛇的活动变化有着明显的相应关系。蛇一般在天气闷热、气压低、即将下雨或久雨之后骤晴温度高时外出活动，但各种不同的蛇对于环境湿度都有各自的要求，例如，尖吻蝮、烙铁头、竹叶青等蛇，则是阴雨天活动较多，且很活跃；而眼镜蛇多于晴天外出活动，阴雨天活动明显减少。据统计，晴天出现率为 18.6%，阴雨天为 10.8%，雨天为 7.3%。天气闷热将雨或久雨之后骤晴，湿度较大时，蛇类多外出活动。这种差异可能是对某地区气候条件长期适应的结果。

3. 食性的差异

蛇类出外活动都是捕获活的动物为食。蛇的食性不同与蛇的活动时间、范围和所摄食的食物种类范围有关。我国蛇的种类很多，特别是狭食性的蛇，一般以 1 种或 2 种动物为食，而这种蛇主食的动物受季节变化而影响蛇的食性，这也是限制蛇类分布的重要因素之一。眼镜蛇和眼镜王蛇一般白天在丘陵山坡及山脚下的灌木丛或平原墙基、石缝处、坟堆、向阳山坡等处活动，主要捕食小哺乳动物、蛙、蜥蜴、鱼类或其他蛇类；金环蛇和银环蛇多在夜间活动，在丘陵低洼地、水域附近，主要捕食泥鳅、鳝鱼、鼠类及蛇等动物；食性广泛的蛇类晨昏活动频繁，如蝮蛇多在墙基、村庄前后或菜园地中活动捕食；尖吻蝮多在树旁、阴湿石隙、杂草中、溪旁石下活动捕食；竹叶青多在丘陵山区溪边及灌木草丛中活动捕食。

第四节　蛇类休眠

休眠是蛇类长期以来适应恶劣条件的一种遗传特性。蛇的休眠亦称"蛰伏"。蛇在遇到严寒或酷热干旱、食物不足等不利的外界条件时，会钻入地下、洞穴土层深处或隐蔽的草堆里缩成一团不食不动，呼吸、心跳微弱，呈麻痹状态，靠休眠前摄取的积蓄在体内的养料，供给自身低微有限的消耗，维持生命活动。休眠可分为冬眠（冬蛰）和夏眠（夏蛰）两类。

蛇在寒冷地区其体温则随之下降，机体的功能减退，不食不动，停止生长发育，陷于昏迷状态，直到翌年春季 4～5 月份气温回升变暖后，才从冬眠蛰伏状态中苏醒出蛰活动。但在不合适环境冬眠的蛇，虽已入蛰但入蛰不深，常有移动，致使蛇体能量消耗增加，出蛰后需要较长时间补充营养，其交配、产卵期均延迟，而且对产卵量也有一定影响。

蛇的冬眠期因品种、性别和年龄的不同而不同。例如，长江中下游地区生活的烙铁头从 11 月下旬入眠至翌年 4 月初出蛰；尖吻蝮从 12 月初入眠至翌年 3 月初出蛰。同一种蛇生活在不同地区，因受环境温差的影响，冬眠后出蛰的时间也不一致，例如，在我国南方地区生活的银环蛇冬眠后出蛰时间要比长江中下游区生活的银环蛇出蛰时间提前约 1 个月时间。且雌蛇较雄蛇先进入冬眠，幼蛇最迟进入冬眠。若气温降低到 −4 ～ −6℃，蛇类就会冻死。据测定，蛇在自然条件下越冬死亡率高达 34% ～35%。在人工养蛇条件下可用人工方法增温为蛇提供合适的越冬场所，使蛇安全越冬，如将幼蛇放在越冬室内越冬。蛇的越冬室房顶用钢筋水泥作材料，上面可堆土，不是钢筋水泥房顶可覆盖几层塑料薄膜，室内安装 30～40 瓦白炽灯或红外灯加温，保持室内温度 5～11℃。若室内的温度过高，可适当与室外空气对流调节温度。室的四周设有排水沟，沟的最低点低于蛇的越冬处水平线，室内湿度以 50% 为宜。湿度过大时，室内可放入干木炭吸湿；湿度过小时，室内可放 1 盆水，这样不仅可以调节越冬室内的湿度，同时可供越冬蛇冬眠苏醒后饮用。规模养蛇场的群蛇越冬；应加厚蛇窝的保温土层。也可在蛇场内高燥处挖地下深洞（深约 2 米），洞底铺上水泥石子，放入越冬群蛇后用石板扣好，并在洞口上面堆 1.5～2 米的土层。因为此种洞较暖和，蛇较适应洞中的环境，有利于蛇安全越冬，以促进其生长发育和增加毒蛇蛇毒产量，但却不便于观察蛇冬眠时的状况。

　　生活在热带高温干旱地区的蛇，夏季天气炎热，加之长时间不下雨，池水干涸，蛇体严重缺水。蛇为了逃避夏季恶劣的环境，维持生命，就会钻入沙中、洞穴内或隐蔽较潮湿的灌木丛下不食不动，与冬眠蛇一样，呈麻痹状态，体内新陈代谢等一系列生理活动降低到最低水平，尽量减少体内的营养消耗量。

休眠后的蛇，体质较弱，活动能力差，容易患病，是蛇死亡率最高的时期，因此，对病弱蛇加强饲养管理尤为重要，特别要对病弱的蛇进行人工护理，投喂营养丰富、适口性好、蛇类喜吃的食料，促使越冬后的蛇类尽快复壮，有利于其生长繁殖，提高养殖经济效益。

第五节　蛇类繁殖习性

蛇类雌雄异体，外表上无明显区别。一般雄性尾基部略膨大，尾较雌性略长（尾下鳞略多些）。蛇出生后 2～3 年性器官已发育成熟，小型蛇较大型蛇成熟快，生活在寒冷地区的蛇成熟比热带的蛇要慢。蛇是体内受精的动物，交配期一般在春末夏初出蛰后进行，秋冬交配现象较少。各种蛇类的生殖季节不尽相同，如眼镜蛇的交配期一般是在 4～6 月；银环蛇多在 8～10 月；尖吻蝮在 10～11 月；蝮蛇和蝰蛇在5～9月等。雄蛇有一对交接器，在肛孔两侧，由内向外翻出。每次交配时，只使用一侧的交接器，交接器平时藏在雄蛇尾基部内。在交接时伸出来，交接器上有倒钩和棘状突起，如翠青蛇的雄性交接器端膨大，每个棘上生有若干棘突（图6）。雌蛇性器官发育成熟时，游到外面的草丛中，不断地将性腺分泌的激素释放出来，雄蛇接到求偶信号后会立即顺着雌蛇尾基部性腺释放出来的性外激素寻找到雌蛇，伏在雌蛇身上，而雌蛇伏地不动，有时雌雄蛇还把身子直立起来。当雄蛇交接器插入雌蛇泄殖腔时，情绪异常激动，不断摇头摆尾并主动缠绕雌蛇，蛇交配时其性情要比平时暴躁，这时若遇外面的惊扰，会发出猛烈的攻击。1条雄蛇可与多条雌蛇交配，而雌蛇只交配1次，通常不再与第2条雄蛇交配。在人工饲养条件下，平时应将雌雄分开饲养，到交配期才将雄蛇放到雌蛇群中。一般性别比例以雄雌比例为1：（9~10）较为合适，交配期过后再与雌蛇分开饲养。各种蛇的交配时间长短也不相同，一般交配时间为半小时以上；有的延续数小时，长的可达20小时。据资料报道，成都动物园曾观察到饲养的黑眉锦蛇交配时间从上午8时到下午7时，延续11小时之久。蛇交配后不一定立即发生受精作用，精子可在雌体输卵管里存活4~5年，人工饲养的雌蛇交配1次后可连续3~4年产出受精卵。例如，眼镜蛇的交配期在4~6月，翌年6~8月产卵，银环蛇的交配期在6~8月，翌年5~8月产卵；尖吻蝮的交配期在10~11月，翌年6~8月产卵；蝰蛇的交配期在5~7月，翌年8~10月产卵。

蛇类的繁殖方式有卵生或卵胎生两种。无毒蛇大多为卵生。一部分毒蛇如尖吻蝮、眼镜蛇、银环蛇等也是卵生繁殖的。而竹叶青、蝰蛇、蝮蛇等毒蛇是卵胎生的。卵生就是雌蛇在交配以后受精卵不立即从母体排出，而在母蛇输卵管后端"子宫"内滞留一段时间，待胚胎发育到一定程度时才产出体外，产出不久即可孵化仔蛇。例如，蝮蛇5~9月交配，翌年8~9月产仔1~2条。在体外孵化的蛇卵呈椭圆形，卵壳大多呈乳白色或白褐色，卵壳由纤维性物质构成、较柔软（除眼镜蛇所产的卵比较坚硬）。产出的卵数因蛇种不同而异，

产卵少者 2 枚，多者可达几十个，常彼此粘连成团。一般大
型雌蛇所产卵（仔蛇）数量多于小型种类的蛇。例如绝大多
数蛇不做窝，雌蛇多在阴暗而隐蔽，有烂树叶、草堆、土肥
堆、腐朽的树根等处。蛇卵全靠阳光和树叶腐烂散发的热量
进行自然温度孵化。蛇卵一般需 2 个月左右才能孵化出小蛇。
孵化期因蛇体和自然环境温度条件不同而异，如银环蛇的孵
化期为 39～51 天、眼镜蛇为 45～57 天、尖吻蝮为 20～30 天、
虎斑游蛇为 30 天左右。另外，蛇孵化期的长短也决定于卵在
母体内发育时间的长短。但是，蟒蛇的雌蛇用自己的身体把
一大堆卵裹在中间，以它的体温孵卵。卵胎生就是雌蛇交配
后，受精卵不排出体外，而是留在母蛇体内的输卵管内孵化
发育成幼蛇后直接产出仔蛇。卵胎生的蛇胚胎和母体输卵管
之间无任何关系，而是靠储存在卵黄里的营养发育。这种卵
胎生产出的仔蛇成活率高，因为它受到母体的保护，可以避
免不利自然条件的影响和其他动物的伤害。

第六节　蛇类生长、蜕皮与寿命

1. 蛇的生长

在从幼蛇生长到成蛇的过程中，其生长速度具有间断性
和阶段性。一般幼蛇生长速度快于成蛇，而年轻的成蛇生长
又快于老龄成蛇。幼蛇只需生长 2～3 年时间即可达到成熟。
蛇类蜕皮后，身体就随之长大起来。影响蛇生长速度的因素
很多，在人工养殖时，主要是种类不同的蛇在环境、温度、
光照、食物及水分等方面是否适合其生长繁殖的要求。而同
一种蛇因性别或个体的不同，其生长速度也有差异。

2. 蜕皮

蛇体表面的角质鳞是由表皮衍生的，具有保护体内器官、防止体内水分过多蒸发的作用。大型腹鳞还有爬行的功能。由于蛇的皮肤无皮脂腺，所以蛇的皮肤干燥，且表皮容易角质化，变成一层死的细胞。随着蛇体长大到一定程度，蛇表面的质化的皮肤和被磨损的鳞片就要蜕掉，重新长出皮肤和新的完整鳞片来。这是一种生理现象，小蛇的蜕皮是长大1次，蜕皮1次。蛇蜕皮从吻端开始，逐渐向后，连舌尖、眼外面的透明膜都要蜕皮。这是因为蛇在蜕皮前，蛇体表皮最下面的生长层细胞不断分裂，形成一种新的生活细胞层和角质层，在酶的作用下，老的生活细胞层被溶解，使老的表皮角质层与新生的细胞层分离开来。所以，位于中介层表面老的表皮结构蜕去，它下面新形成的表皮结构便显露于外了。这时借助粗糙的地面或砖头、石头、瓦砾、树杈，用力摩擦，先从吻端把下颌的表皮磨破一个裂隙，然后从头部皮肤松脱开，把头部已脱落的皮翻转向外，从头部向躯干部慢慢至尾部末端，最后把整个老皮蜕掉。如果蛇蜕不下上皮，就会导致死亡。由于蛇在蜕皮期间需要消耗体内大量的养料，尤其是陆栖和树栖性蛇在蜕皮时停止摄食（穴栖和半水栖蛇类蜕皮时正常摄食），更使蛇体消瘦乏力，而且此时性情温顺，很少咬伤人，所以，蛇在蜕皮期间极易捕捉。

蛇蜕皮与生长都受脑垂体和甲状腺激素的控制，所以，蛇的蜕皮与生长有一定的联系。蛇蜕皮是周期性的。蛇每年蜕皮3~8次，年幼时生长速度快，蜕皮次数较成蛇频繁；食物丰富时，生长较快，蜕皮次数多达8~10次。但在人工饲养条件下，外界环境如温度、湿度、食物的变更和体内寄生虫等因素影响蛇的生长，特别是与蛇体的营养好坏有关。而蛇的蜕皮又与生长有一定联系。例如，蛇饲养在21℃环境中每年蜕皮2次或3次；饲养在26℃环境中的同一种蛇，每年可蜕皮5次或6次。蛇蜕是蛇蜕下的皮，又称龙衣、蛇蜕，含有骨胶原等成分，除净泥沙可以入药，中药名蛇蜕，具有祛风、解毒、明目、杀虫等功效。可治小儿惊风、喉痹、皮肤瘙痒、疥癣、荨麻疹、皮肤风热疾患、毛囊炎、疔肿、流行性腮腺炎、乳腺炎、带状疱疹等症。

3. 蛇的寿命

蛇的寿命因蛇的种类和生活条件（如环境的温度、光照、食物及水分等）不同而异。野生蛇由于环境条件差，生活不稳定，食物不丰富，加之疾病和天敌的危害，其寿命要比人工饲养的蛇短一些。大部分蛇类的寿命为10多年，如眼镜蛇最长寿命可达数10年。在人工饲养条件下，一般大型蛇类的寿命往往长于较小型的蛇类。蛇类寿命在野外较难观察，大多根据人工饲养条件下记载而得知。如蟒蛇寿命为25年8个月，而美国费城动物园饲养的一条叫"波普伊"的大蟒蛇存活了40年之久，这是蛇中"寿星"。据《蛇毒中毒》一书（1989年美国出版）记载的犸种毒蛇的寿命，10岁以内12种，占26.66%；10～20岁25种，占55.56%；20～30岁7种，占15.56%；30岁以上1种（响尾蛇），占2.22%，寿命最长。根据资料报道，眼镜蛇为12年4个月，眼镜王蛇为12年6个月，豹纹锦蛇为23年，黑颈眼镜蛇为29年。

第四章　养蛇场的建造

养蛇的场地应依据蛇的野生生活习性，模拟蛇在自然界中的生活环境，为蛇的活动、觅食、栖息、冬眠和繁殖创造良好的场所。养蛇场应选择僻静、土质致密、地势高燥、背风向阳、靠近水源和交通方便的地方。可因地制宜、因陋就简选在山坡或有一定坡度的地方建造蛇场，养蛇场地的面积可根据各场、户养蛇的规模，养殖蛇的种类和各地地理自然条件的不同而不同。目前，我国养蛇方式一般有 3 种，较大面积的蛇采取蛇园养蛇、露天散放养蛇，小规模和冬季养蛇可采取室内蛇箱或蛇缸养蛇。园内可分为多格，以养多品种的蛇。

一、蛇园养蛇

蛇园四周用砖和水泥砌建 2～2.5 米高的围墙，墙基深度 0.5～0.8 米，并用水泥灌注牢固。墙基防止老鼠打洞而使蛇从鼠洞外逃。围墙内四个墙角呈圆弧形，绝对不能成直角，防止蛇靠腹借助 90°直角夹住蛇身两侧沿墙外逃。墙内壁要用水泥抹光滑，无缝，并涂成暗灰色，不宜刷成白色，以免反光过强，不适于蛇类生活。围墙可根据不同蛇和需要设建两层出入门，内层门开向蛇场，外层门开向场外，以防栖息在门下蛇趁开门随机逃出。但养殖尖吻蝮、眼镜蛇等剧毒蛇的蛇园围墙不宜设门，以免开门时被蛇咬伤。可在墙内、墙外各修筑砖石阶梯，内阶梯应离围墙 0.7~1 米，进出时，在墙与内阶梯间搭一木板，用后及时将木板抽出，饲养人员出入蛇园可临时架木梯或竹梯，出蛇园后及时将梯子取出围墙，防止蛇沿木板或木梯爬出墙外。蛇园内适当栽植一些小灌木及花草，以利蛇夏季遮阳、降温、保持潮湿，并堆放些石块、脊瓦建成假山和一些洞穴，供蛇藏身栖息。蛇园内地面要有一定的倾斜度以防积水。围沟式蛇园砖石砌成围墙内有宽深 1.5 米左右的流水沟饲养动物，供蛇捕食。蛇窝应建在地势高燥平坦的地方，可建成地洞式或坟堆式，四壁可用砖石砌成，或用瓦缸作壁，外面堆以泥土，蛇窝壁的南北两侧各开一个洞口供蛇出入。蛇窝宽度面积视养蛇的数量而定，一般以 2 米见方为宜。蛇窝顶用活动盖板，以便于观察和收蛇。蛇窝底铺上一层干沙和稻草，既可防潮保暖，又利于清扫。

北方养蛇园内也可在地势高处建造蛇房，其长度视其饲养量而定。蛇房可建成地上式、半地下或地下式。其形状可因地制宜建成方窖形、圆拱形或长沟形等。除蛇房门外，墙外应堆集 0.5 米厚的泥土，房内中间留一通道，在通道出入口一端设门，用以挡风遮雨和保温。也可在较高的地方开窗。蛇房内设有一些蛇窝。在蛇房内通道两侧还各有一条相连通的水沟，供蛇饮水洗澡和到饲养池捕食，蛇房内适当放置几盆花草，以增加蛇房湿度，使蛇与在自然野生环境里一样栖息和活动。

二、露天散放养蛇

1. 拟态蛇园圈养蛇类

人工养蛇应模拟蛇在自然界野生生活栖息环境建造拟态蛇园，使蛇在园中活动觅食、繁殖、栖息和冬眠等。拟态蛇园适用于大规模放养蛇类。拟态蛇园是以蛇为优势种的一个半人工、半自然的生态系统。从野外引捕种蛇在园内养，使野生蛇很快能适应其生活条件，有利于蛇的生存和繁殖。为了充分发掘蛇园的生产潜力，还可以作为种蛇培训基地，100～150平方米的成蛇园可放养成蛇50～80条，可进行集约化、工厂化养殖。

蛇园应根据蛇的生活习性和养蛇规模来规划。园址应选择背风向阳，有树林、有草地、有水而僻静的丘陵向阳山坡处。蛇园的面积大小，应视养蛇的规模而定。蛇园围墙要求用牢固严实的砖和水泥砌成，高2米以上，内壁用水泥抹光；墙基深1～1.5米，用水泥灌筑而成，在排水孔处安置金属筛网。还应建造模拟蛇的生活环境的蛇房（蛇窝），蛇房应选建在坐北朝南、地势较高的地上，圆拱状，坟形，每间长约2米、宽1米，高1，2米，三面堆土。也可建成半窖洞式或地下式。蛇房内可设置一定数量的蛇窝，也可搭起竹床，上面覆盖竹席或用木板叠架有空隙，可供蛇隐身或栖息。蛇房内设有孔道与蛇园相通，蛇园的绝大部分面积是蛇的活动区，在此区域内要有石块砌成有洞穴的假山，以供蛇在洞穴内栖息。并建造一个水池、水沟和饲料池，水池中水供蛇洗浴和饮用。园内蛇活动的地面种植一些果树和杂草，供蛇隐身、洗浴、觅食和蜕皮用。蛇园的门最好设在东墙中部，高出地面0.7米，内外均有台阶上下，但内台阶要求离墙0.6米左右，以防开门时蛇的外逃，饲养管理人员在投食或打扫卫生时应防止蛇伤人。此外，在蛇园区内还可饲养青蛙、中国林蛙、蟾蜍等供蛇捕食，形成以养蛇为主的人工生态体系。

2. 家繁外养种蛇

人工繁殖幼蛇，待幼蛇生长到能独立生活之后，再放到野外环境中，让其自由采食，待其生长发育成为商品蛇时，再捕捉收集，加工成为蛇产品。这种"家繁外养型养捕结合，半散养型"的养蛇方法可充分发掘蛇园的生产潜力，进而获得更多的商品蛇，增加经济效益。像这种蛇园养蛇方式，是人造的自然环境，并不能从根本上改变蛇的生活习性，蛇园内不宜混养多种蛇类，以防互相咬食。引入种蛇时，既可从其他养蛇场选购蛇种，也可捕捉青壮龄、健康无病、大小相近的野生幼蛇种，经过驯化后投放到蛇园中放养。人工饲养条件下，交配季节放养雌雄蛇的搭配比例以1：（8~10）为宜，交配季节过后，要将雄、雌蛇分开饲养，以防雌蛇被雄蛇吃掉。此外，蛇园内应注意防止蛇的天敌，如猫头鹰等猛禽的食害，减少不必要的损失。

三、室内蛇箱养蛇

蛇箱养蛇适用于庭院小规模养蛇，占地面积小。蛇箱一般用废木箱或旧洁木板制成，蛇箱（图9）面积大小可根据养蛇数量多少确定，一般制成长 2.5 米、宽 1 米、高 0.8 米，箱内壁要求光滑，箱顶装有小孔铁纱网制成观察孔，再安装一个捉放蛇用的活动推拉门。箱的两边安装有 3 个活动气窗。箱底铺 5~6 厘米的沙土，并要经常更换。冬季要铺一层 10 厘米厚的稻草，冬季饲养幼蛇时，箱外要覆盖 30 厘米厚的稻草。在箱四周放几块大小适宜的石头。在箱底中央固定一个短木桩，供蛇蜕皮时蹭皮用。箱底角放一木盆水，供蛇饮用和调节箱内湿度，使室内湿度保持在 50%~70%。冬季箱内安装几盏 60 瓦灯泡或用电热器控温，使室内温度控制在 20~30℃之间，蛇箱一般每立方米体积可养 1 米左右体长的蛇 4~5 条。每只箱以养 30 条体重 1 千克左右的蛇为宜，幼蛇可养 200 多条。每只箱只能养同种雌雄蛇，同箱合养可叠放 3 层，当幼蛇长至 50 厘米以上，应将雌雄蛇分箱饲养。种成蛇在交配期时放入种蛇箱内饲养，利于观察与管理。通常一个种蛇箱内放入 10 条种雌蛇和 2 条种雄蛇，交配期结束后需要将种雄蛇取出另养。若在成蛇期内一直在种蛇箱内养殖，密度贡上。蛇箱养蛇应注意及时清除残料，搞好箱内卫生。用蛇箱在室内养蛇简单易行，可以移动，占地少，但蛇的活动范围小，蛇箱与野外自然环境相差太远，蛇类不易适应，不利于蛇的生长发育和繁殖。因此，蛇箱养蛇适用于少量种蛇繁育期、病蛇隔离治疗期和蛇类试验研究观察等暂养。

四、室内蛇缸养蛇

蛇缸与蛇箱一样是庭院小型养蛇的设备用。养蛇缸可利

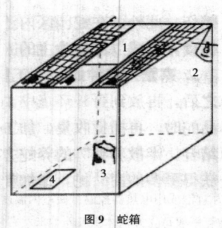

图9 蛇箱

1. 拉门；2. 灯；3. 树桩；4. 水盘

用无破损的大水缸，放置在干燥、阴凉、通风的房内，缸底铺上 10 厘米以上的干燥松土，松土上垒架半缸左右干净的砖瓦或其他空隙大的杂物，以供蛇钻入隐蔽和栖息。在砖瓦和杂物上放一些瓦缸作为饲料槽和饮水槽，缸口要用铁丝网盖盖严，防止蛇从缸内爬出和蛇的天敌窜入缸内，同时也利于通风。

第五章　种蛇的捕捉、装运与野生蛇种的家养驯化

一、野生蛇生境的调查

　　通过对蛇野生生境的调查，了解蛇类不同的栖息环境，如栖息地、隐蔽所、活动领地、季节性活动区及其食性，掌握蛇的生活类型，如单体生活，群体生活，冬眠期是单体越冬，还是群体越冬等，可作为研究蛇的野生生境，指导养蛇生产，制定驯化措施，确定养蛇场地结构布局、养殖方式、饲料种类、日粮配合等，促使其适应家养条件的依据。通过野生蛇类繁殖规律的调查，掌握不同品种蛇的发情交配时期、生殖方式为卵生或卵胎生、蛇卵的孵化及仔蛇的生长发育等情况，研究确定人工繁殖蛇类的方式，以提高其孵化率和仔蛇的成活率。

二、蛇的捕捉方法

　　捕捉蛇类应对蛇的生活习性、捕蛇的环境和蛇的活动规律有所了解，只有这样才能掌握捕蛇的时机，如在蛇蜕时机寻找蛇类。初春、晚秋蛇比较集中的季节捕蛇较方便。夏秋两季，蛇活动性很大，分散开了比较难抓。在长江中下游，

春分、清明、谷雨节气时蛇刚刚出洞，选择有太阳、没有风的时候，在向阳近有水的地方，常能见到出洞晒太阳的蛇，它们动作比较缓慢，容易抓。下半年，立冬前后，蛇将入洞冬眠，但在天气暖和、风小的晴天，它们入洞后又常出来晒太阳、蜕皮或捕食，这也是捕蛇的时机。蛇怕风，在风速5级以上，很少见到蛇外出觅食。南方的蛇多在傍晚或黄昏时活动，特别在闷热的低气压天气时更为活跃，也易发现和捕捉。捕蛇的方法很多，要选择最佳方法捕蛇，捕蛇时要选用捕蛇工具，小心捕获，防止被蛇咬伤。

● （一）寻找蛇窝 ●

捕蛇者应了解蛇的栖息环境，借助蛇粪和蛇蜕引路，找到蛇窝，即在蛇粪或蛇蜕的4～5米处可找到栖息地。每年晚秋以后，各种蛇活动逐渐减少，冬初天气寒冷，蛇类进入一定的洞穴居处盘伏进行冬眠，这是捕蛇的好时机。蛇洞一般在田基、塘边或土堆的洞穴内或树根旁的裂隙处等。多见蛇在斜坡水边的旧鼠洞里冬眠。鼠洞与蛇洞有明显的不同，鼠洞口粗糙，且见爪痕和鼠毛等，而蛇洞的洞口由于蛇体的摩擦而较光滑，并能找到一些脱落的鳞片。当蛇吃了鼠和鸟后，由于鼠毛、鸟羽无法消化掉，故可从其粪便中检查到。根据蛇粪的数量、颜色和形状，可以确定洞内蛇类的数量和种类。如眼镜蛇粪呈黄绿色，为条状或节状；金环蛇粪呈灰泥色，有鳞片，为烂堆状；银环蛇粪黑色较稀散，有时发现有鳞片；灰鼠蛇粪呈绿白色，稀烂呈条状，似鼠粪；三索锦蛇粪呈条状"之"字形等。此外，在洞口附近还可找到蛇蜕出的皮，而且蛇蜕的尾端向着洞口，刚蜕出的皮完整而柔软，并可从蛇蜕的皮看出蛇种和怀孕的母蛇。例如金环蛇或银环蛇的蛇蜕背中央有一行扩大成六角形鳞片，金环蛇蜕末端钝圆，而银环蛇蜕末端较尖细；眼镜蛇的蛇蜕比银环蛇的厚，背中央没有一行扩大的六角形鳞片，黑色的斑纹尚隐约可辨。怀孕母蛇蜕出的蛇蜕缩成一团，这是由于怀孕母蛇体躯增粗较难蜕皮之故。捕蛇者还可以根据蛇蜕的情况、雌蛇和雄蛇尾部长短和大小的不同来辨别是雄蛇还是雌蛇，也可初步断定洞穴内藏身的蛇种。假如蛇洞的洞口有蜘蛛网之类，此洞内一般不会有蛇。

● （二）引蛇出洞 ●

捕捉穴内的蛇一般采取挖穴捕蛇的方法，但劳动强度大，花费时间多，而且容易破坏农田等基本设施。确定蛇洞内有蛇以后，可采取引蛇出洞捕捉的方法。通常采取以下方法引蛇出洞。

1. 诱蛇出洞

根据蛇的食性将 500 克青蛙捣成蛙泥，晚上将蛙泥放进洞内，然后用一根空的竹筒向洞内吹入气体，当蛇闻到蛙肉腥气后，即可出洞。也可用诱蛇剂 20 克拌入 150 克畜禽肉或动物、胡椒、内脏下脚料中和成肉泥，加入生鸡蛋 150 克、黄豆粉 150 克、复合维生素 3 片，凉开水 50 毫升磨成糊状，多做几个食团。选放在山地、树林或田野蛇常活动处，挖一个 0.5 米深、1 米宽的坑，坑里四周铺好光滑的塑料布。将做好的药团套在 1 米长的木棍上，再将木棍的另一头插在坑中央。方圆 30 米的蛇闻味即来取食，掉到坑里出不来时，用捕蛇工具如用网兜、蛇钳，或用醉蛇药喷蛇身捕蛇。根据捕蛇者的经验，诱不同蛇出洞应用不同的诱饵，如诱银环蛇出洞时，可将几条黄鳝放在无水的面盆内，摆在有蛇的洞口；诱金环蛇出洞时，可将蛇笼内放几条吃青蛙的无毒蛇，放在有蛇的洞口；诱眼镜蛇出洞时，可将老鼠、麻雀放在蛇的洞口。待蛇出洞后即可用网兜、蛇钳等捕蛇工具捕蛇。

2. 逼蛇出洞

向蛇洞穴内喷入刺激性的药液，如用90°酒精500毫升，雄黄50克和臭椿象（俗称放屁虫）20只，浸泡20天后，每桶加水100毫升药液拌匀灌入蛇洞内。或用云香精半瓶、雄黄50克、加水1桶或灌水逼蛇出洞，灌水前先向洞内喷烧柴草烟，再用扇子把浓烟扇进洞中，后灌水捕蛇或直接向蛇洞内熏烟，蛇在浓烟刺激下拼命逃出洞外时，可用蛇钳或网兜等捕蛇工具捕蛇。

● （三）常用的捕蛇工具捕蛇 ●

使用捕蛇工具捕蛇安全而快速。捕蛇工具很多，主要有蛇钩、蛇叉、蛇钳、蛇夹、套索、棍子和网兜等（图10）。使用捕蛇工具捕蛇的方法有以下几种（图11）。

1. 钩蛇法

此法适用于捕捉爬行比较缓慢、爱蜷曲成团的毒蛇，如蝮蛇科的尖吻蝮、蝰蛇等。当发现它们在草丛中、乱石上、洞口外时，或在蛇笼中提取蛇时，捕蛇者手持的蛇钩准确稳快地把蛇钩到平坦地面上。速用钩背或把柄压住蛇的头颈部，再把蛇的颈部捏住或用蛇钳夹蛇法捕捉入蛇笼；也可将蛇挑入钩中迅速将蛇放进蛇笼内。由于用蛇钩捕蛇的时间短，蛇还没来得及发怒咬人就被钩住送进蛇笼中，所以，对

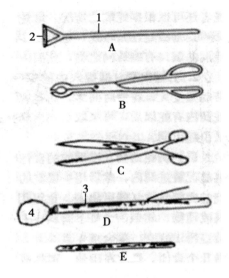

图 10　常用捕蛇工具

A. 蛇叉；B. 蛇钳；C. 蛇夹；D. 套索；

E. 棍子；1. 木棍；2. 橡皮；3. 竹竿；4. 绳索

蛇没有刺激。如钩蛇滑掉地上，可顺势再用蛇钩压住蛇头，然后改用棍压法或蛇钳捕捉法捕捉。

2. 压颈法

此法是常用的捕蛇方法。当蛇在地上爬行或伏盘时，迅速用一种木杈、细竹或木棍，趁其不注意，悄悄地从蛇舌面压向蛇的颈部，若未压准颈部，可先压住蛇的任何部位，使其无法逃脱，再用一只脚帮助压住蛇体的后部，然后再把捕蛇工具移位到头颈部，压准颈部后捕捉。用左手按柄，右手的拇指和食指捏住蛇的头颈部两侧，对于某些较大的毒蛇如眼镜蛇、尖吻蝮等其挣扎力较大，为了安全，捕捉时应由两

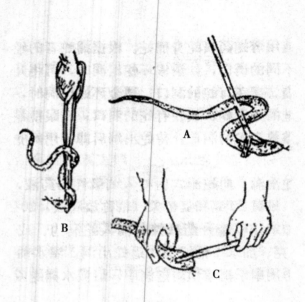

图 11　捕蛇方法

A. 叉蛇法；B. 钳蛇法；C. 手捕法

人协同捕捉，一人用棍压住毒蛇头颈，另一人压住蛇体，然后再捉住毒蛇头颈部。掐时不要太紧，以不使其松动而又无法移动位置为宜。若抓蛇过紧，往往会引起蛇的拼命反抗而难以对付，最后抽出按柄的手提住蛇的后半身，放入捕蛇器具内如竹笼或布袋内。

3. 叉蛇法

用一条长 1～2 米，一端分叉的木棍，叉口大约为 60°角，前端钉有坚固而具弹性的胶皮，以便卡住而又不损伤蛇体，当发现蛇时，捕蛇者悄悄接近蛇，用木杈叉住蛇颈后再用右手提住蛇头后颈部，然后用左手提住蛇的后半身，放入捕蛇器具内。盖紧盖或扎紧口（图 11）。

4. 夹蛇法

用一特制的蛇钳或蛇夹，要求蛇钳或蛇夹的柄较长，钳或夹口向内略呈弧形，蛇夹的大小要与蛇体大小相当，如蛇夹口过大或过小都难以夹住。捕蛇的从蛇的后头向颈部钳住或夹起放入容器内后随即松开蛇夹并抽出，盖紧盖或扎紧口。

5. 索套法

捕捉乱石堆或草丛中盘踞或昂起头颈的蛇，可采用套索法捕捉。即用一根中间打通的竹竿，穿入尼龙绳或细铁丝。头上系个活结，捕蛇时捕蛇者手持竹竿和绳索一端，从蛇身后将绳套对准蛇的头部，迅速用活结套住蛇颈并抽动拉紧手中的绳子，蛇头难以活动，然后将捕捉到的蛇放入捕蛇器具内，但不能将活套绳索拉得过紧，防止勒伤蛇颈或引起窒息死亡。

6. 缸捕法

将缸埋入毒蛇经常活动出入的地下，缸口与地面相平，内放青蛙之类，蛇入其中就难以窜出，即可擒蛇至捕蛇器具内。

7. 网兜法

此法常用于捕捉爬行很快或在水中游动的毒蛇或海蛇。在一根 2 米长的竹竿头上安装一个直径 25 厘米的铁丝圈，缝上一只尖底的长筒形网袋，捕蛇时用网袋猛然向蛇头迅速一兜使蛇进入网袋内，可以网袋兜住毒蛇，再抖动网柄，使网袋缠在铁丝圈上，毒蛇就无法逃出网袋。

8. 蒙罩法

此法主要用于捕捉眼镜蛇、眼镜王蛇等毒性强、性情凶猛、活动性强的毒蛇。捕蛇时，捕蛇者接近蛇后用麻袋、草帽或衣服等蒙住蛇头，顺势将手或脚踩住蛇身，然后抓住蛇的头颈部并迅速将其捕捉至捕蛇器具或袋中。

9. 光照法

蛇大多畏光，夜间捕捉金环蛇或银环蛇等毒蛇时，用聚光灯或强光手电筒的光线照射蛇眼，当毒蛇受到强光照射后常蜷缩成一团，待将蛇的两眼照得昏花时再捕蛇至捕蛇器具或袋中。

10. 徒手捕蛇法

徒手捕蛇很容易发生蛇伤。使用此法捕蛇的人须熟悉各种蛇的特性，又要有一定的捕蛇经验。捕捉行动较缓慢的蛇或小蛇，捕蛇时将注意力引向逃跑方向，随后快速抓住蛇的头后颈部或从后用手抓住蛇的尾部，动作要敏捷。江西山区的群众总结的捕蛇经验口诀是："一顿二叉三踏尾，扬手七寸（蛇心脏所在部位）莫迟疑，顺手松动脊椎骨，捆成揽把挑着回。"意思是当发现毒蛇时，先悄悄地接近它，然后脚一顿造成振动，使蛇突然受惊游动，然后趁机下蹲，迅速抓住蛇颈，立即踏住蛇尾，用颈拉直蛇体，松动脊椎骨，使它暂时失去缠绕能力而处于瘫痪状态，然后将蛇体卷好，用绳扎牢，将蛇体放入盛蛇的器具中，用棍棒挑着回去。但采用此法动作要敏捷。要看准蛇头的位置后才能下手，压住蛇头位置应注意要使蛇不能反身咬人才行。这种徒手抓蛇的方法容易被蛇咬伤，最好用大块黏泥用力向蛇摔去，把它粘压住，使它一时不能逃逸，立即用手捕捉。初学捕捉蛇时不宜用此种捕蛇方法。使用这种捕蛇方法，必须掌握捕蛇要领，扫除恐惧蛇的心理障碍，做到胆大、谨慎、心细、眼尖、脚轻、手快。同时，必须掌握捕蛇的有关知识和捕蛇的操作要领。初学者可先采用捕蛇工具捕捉无毒蛇如赤链蛇、乌梢蛇、翠青蛇、滑鼠蛇等，待有捕蛇经验后再训练徒手捕捉操作。因为抓无毒蛇作训练与抓蛇技术要领完全相同，且无毒蛇的动作比毒蛇敏捷，初学者用练习无毒蛇的捕捉方法捕捉毒蛇行之有效。关键在于训练捕蛇者的眼睛和手脚的紧密配合，动作要稳、准、狠，当蛇向前快速爬行时，训练者只要突然举足在地上猛蹬，蛇就会因受惊而减慢爬行速度，甚至伏地不动，这时应趁机捕捉。抓蛇训练要先抓无毒蛇的头部，抓头部时可以掐其近枕部的颈，用拇指和食指将其掐住。俗话说"鳝紧蛇松"，掐蛇的宽松程度以蛇无法移动位置为宜。

● （四） 适时捕蛇 ●

为了抓住捕蛇时机适时捕蛇和防止蛇伤，捕蛇必须掌握以下方法。

1. 根据蛇的活动特性进行捕捉

蛇的活动随蛇的种类不同而异。蛇大都以白天活动为主；而银环蛇大都是夜间活动，白天一般不出洞，同时蛇的活动也是因季节和时间不同而异。早晚出洞，四处捕食，活动频繁，反应快，行动迅速，白天难以捕捉。但晚上用灯光照射，则易捕捉；秋季（9～10 月）气温下降，为准备冬眠阶段，蛇的反应、行动渐变迟钝，上午 10 时至下午 4 时之间出洞在洞穴附近活动，晚上在洞穴内栖息，容易捕捉。

2. 根据蛇的栖息特性进行捕捉

蛇钻洞栖息，但自己不会打洞，常抢占老鼠或其他野生动物的洞穴，或借助天然的石岩、石缝为栖息地。蛇洞同田鼠、山鼠洞相类似，一般选择离山垄田边较近，有草木但不茂密的山腰、高坡、坟墓的向阳处，可根据这一特性去捕捉。

3. 根据蛇的捕食特性进行捕捉

蛇是荤食动物，主要以捕捉蛙类、鼠类和昆虫为食。可根据这一特性到这些动物爱活动的地方选择蛇类出洞捕食的时间去捕捉。但也有的蛇如银环蛇就是以黄鳝、泥鳅为主食的。因此，捕捉银环蛇应选择它出洞捕食的晚上 8～9 时，到田边、沟边去寻捕。

4. 根据蛇的繁殖特性进行捕捉

蛇是有性繁殖方式，卵生或卵胎生动物，但卵生蛇自己不孵化，是靠自然气温孵化的。每年 9～10 月交配，第 2 年小暑前产卵。卵产在洞内。产卵前和产卵期间，母蛇有护卵习性。喜欢在离洞不远的地方活动，行动迟缓，容易捕捉。蛇一般是单户独居的，产卵也是一蛇一窝。银环蛇等则是群居的，少则 3 条、4 条，多则几十条，卵也是产在一起的。虽然和其他蛇类一样不孵化，但它有一个特性，即产卵后怕老鼠吃卵，不离洞穴，即使晚上出去捕食也是轮流守洞，一直到小蛇出壳为止。因此，找到银环蛇栖居的洞穴，往往可捕捉到多条活蛇和蛇蛋。

5. 根据蛇爬行的特性进行捕捉

凡是有蛇栖息的洞穴，由于蛇爬进爬出，使其洞口变得光滑，洞内必有蛇在。不同的蛇，洞口的光滑迹象不同。一般洞口底面光滑，但唯有银环蛇贴壁爬进爬出，使洞口侧壁变光滑，人难以发现。

6. 根据蛇的粪便特性进行捕捉

蛇习惯将其粪撒在离洞口不远的地方。可根据粪便新鲜程度、颜色和气味来判定蛇的品种、活动距离和躲藏的地方。蛇的粪便呈糨糊那样浓的粉末状，但颜色因蛇而异。一般蛇的粪便呈白色中有点微黄；银环蛇粪便则呈淡黄色，粪便有一种特别的怪腥味。

● （五）捕蛇需防范被毒蛇咬伤 ●

捕捉毒蛇时为了防止被毒蛇咬伤，要做好捕蛇的防护准备，尤其是初学捕蛇者没有经验。野外捕蛇时要穿上防护衣、裤，穿高帮皮鞋或厚布鞋袜，带上捕蛇工具，必要时戴上手套。到树林中去捕蛇还应戴上草帽，夜间捕蛇还要用手电筒照明。捕蛇前先用云香精、雄黄混合加水，每桶水加云香精半瓶、雄黄 50 克喷洒蛇身，待蛇浑身发软乏力、行动缓慢时用捕蛇工具捕捉蛇。

如果捕蛇时遇到意外情况时的处理，有的毒蛇如眼镜蛇、眼镜王蛇在被激怒时，会竖起前半身，"呼呼"地向外喷射毒液，此时应防止毒液喷进眼内，晚上捕蛇用明火照蛇能引蛇，但尖吻蝮和蝮蛇有扑火的习性。如果遇到毒蛇扑火时，要立即将火把扔到平滑的路面上，当毒蛇被引到平滑路面扑火时，可用捕蛇工具捕捉或将火把扔到水中浸灭，毒蛇会悄悄爬走不会再来袭击人。若捕蛇时有毒蛇追袭人时，不要沿直线逃跑，可采取左右跑成"之"字形的方法避开追击，或跑到光滑的地方。也可以沉着应战，站立原地不动，面对毒蛇，注视它的来势，向旁闪开，寻机用蒙罩法或棍压法捕捉。由于毒蛇咬人是它的自卫本能，当你触及它、捕捉它时，稍有不慎就会被毒蛇咬伤。另外，捕蛇时不能 1 人单独行动，必须由两三个人互相配合，如在捕蛇时被蛇缠住了手脚，不要惊慌，要坚持握紧蛇颈不放，不得已时可由别人帮助解脱。如万一被毒蛇咬伤，应按毒蛇识别与急救方法及时处理后，迅速到就近医院治疗（详见第十二章毒蛇咬伤的防治）。

三、种蛇的装运

● （一）装蛇的器具 ●

到野外或蛇场去捕捉蛇，事先要准备好盛蛇的器具。如布袋、铁丝笼、竹篓、蛇箱等。运输少量的蛇可用牢固不破的长布袋盛装，布袋的直径不宜过大。在将蛇放入袋口时，一定要先放蛇身后放蛇头，并迅速扎紧袋口。在扎紧袋口或提蛇袋时，应先将蛇袋提起抖动几下，使蛇集中于袋底下面，这样可以有效防止蛇突然爬出来咬人或逃跑。同时，应悬空持袋，不能把袋底放到地上，防止蛇着地借助支撑点跃身上窜以致伤人。如果捕蛇数量多，可用铁丝笼装蛇（图 12），蛇笼不能过深，网格要小，以防蛇相互堆叠挤压致死或从网孔逃出。运蛇时应将同种大小相近的蛇装在一起，特别是一些凶猛好斗的蛇更不能随便装箱，以免互斗相残。运输途中要求温度 20 ~ 30℃，并注意通风，而且要求冲洗方便。用竹篓装蛇运输轻便，且成本低，但装蛇量不多且不牢固，易破烂使蛇逃跑。木箱运蛇为好，为了避免彼此压伤，木箱内可装两层隔板将蛇隔开。边上和底部装有透气的纱窗。不仅牢不可逃，且装蛇数量较多，但透气性较铁丝笼或竹篓差，且不轻便。要求木箱厚度约 1.5 厘米，周围边角用铁皮包实。

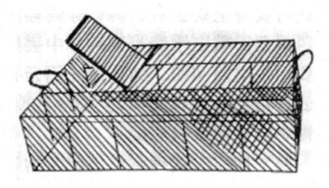

图12　铁丝蛇笼

● （二）毒蛇的装运 ●

　　装运毒蛇一定要避免被蛇咬伤，要求戴安全手套（革质长柄手套），捕捉种蛇，发现蛇摆"八卦阵"时，首先用棍打击器皿或先摇动蛇笼，趁打乱蛇摆的阵势之时，捉蛇入箱。为了安全最好采用捕蛇工具。如用蛇夹夹蛇或网兜蛇等。抓蛇过笼时，用力不宜过猛，位置适当，否则易被蛇咬伤。一般宜抓蛇身的中部和尾部，而对眼镜蛇、眼镜王蛇和蟒蛇等类，则宜抓其头部。如果遇到蛇发凶，如眼镜蛇或眼镜王蛇扁脖昂首发出"呼呼"声时，可在蛇头上方，用有弹性的竹竿作工具用力压蛇身上的任何部位，然后再移竹竿压其蛇颈再捉。有两人相互配合为好，使蛇受到振荡而暂停发凶，然后再乘机迅速抓蛇过笼。如从盛蛇的布袋中取蛇转箱，可先把袋中的蛇直接倒入铁丝笼内，让它放晾一下后再转箱，若袋中仅有一两条蛇，则可隔布摸准其头部用手捏住小心抓出。不能直接伸手入袋中捕蛇，这样容易被蛇咬伤。

运蛇的途中不需给食，但途中应尽量缩短时间。若途中时间较长，应定期转箱检查。抓蛇过箱应在光线明亮的地方进行，因为大多数蛇的视觉对阴暗环境适应。

● （三） 种蛇的装运 ●

装运蛇箱一般采用长 80 厘米、宽 50 厘米、高 25 厘米的木箱，以装中等大小的蛇 20 条左右为宜。若为短途运输或蛇体较小，则可适当多装 5～10 条，还可用装鸡蛋的塑料箱。要求装蛇工具透气牢固、防逃，码垛运装。还应经常检查防止蛇被压伤或彼此咬伤和装运蛇的器具有无破损，一旦发现问题，必须及时改装或修补。此外，装运蛇类的车船切不可与有损蛇体健康的化学物质混装，否则会导致大批蛇类死亡而造成严重的经济损失。

由于蛇有畏冷、怕热、忌脏的习性。因此，夏天运输切忌晒太阳，可用树枝遮盖，宜保持运输工具阴凉通风，炎热时可适当冲凉水降温。长途运输宜 2～3 天转 1 次箱，春秋两季一般 7～10 天内不必倒箱，冬天气温低需加热，如在箱内加入干草保暖，草应有剪断，以防蛇被草缠致死，且隔 6～7 天转 1 次箱，转箱检查时，如发现有病残的蛇，应立即取出装到别的箱内或杀掉加工。若发现蛇身肮脏，应立即用清水冲洗，冲洗过的蛇，应待蛇身干燥后方可放回装运器具中，防止蛇皮受潮发生溃烂。装运蛇类时特别要谨慎从事，做好防护蛇伤工作，如抓个别凶猛的蛇时，为了确保安全起见，可用医用胶布贴蛇吻一圈，只能使蛇舌仍能伸出口外，以不影响其呼吸，而又无法咬人为度。一旦被毒蛇咬伤，也不要惊慌失措，更不要急于奔跑。要仔细认真地处理伤口，结扎被咬部位后及时到医院救治，以免发生意外。

● （四） 注意事项 ●

1. 装运蛇时必须将毒蛇与无毒蛇以及不同种类和大小的蛇分开装箱。可将规格大小相同的同装一箱内，以防途中出现大蛇吃小蛇的现象。在装运多品种、多数量的蛇时，应在箱外加注标记，以防混淆箱内装蛇的品种和数量。

2. 引进蛇种在放养蛇场之前除外观检查健康无病外，还应隔离观察一段时间，并经严格检疫以后才能放入蛇场养殖，以防带菌蛇将传染病带入蛇场。

四、野生蛇的驯化方法

野生蛇通过人工饲养条件下有目的、有计划地逐代进行驯化工作，可以改变野生蛇的行为和生活习性，使之适应新的人工饲养环境条件，并定向按照人的要求变异，提高生产性能和产品质量。野生蛇通过人工条件和遗传变异手段进行驯化，不但使其对家养环境的适应能力向品种化方向发展，促进肉蛇生长发育，使其增重快、性腺早熟、繁殖能力提高，采集毒蛇的排毒量也不断增多。

● （一） 野生蛇的多种驯化方式 ●

1. 早期驯化

幼蛇机体可塑性大，所以幼蛇的早期发育阶段驯化效果明显好于成年蛇。

2. 个体驯化与群体化相结合

蛇个体单独驯化应与群体蛇驯化相结合，以后可使每条蛇都能发挥群体的生产力，同时，蛇群体驯化也有利于生产管理和蛇产品的收购。

3. 重复性驯化

蛇类群体驯化是在统一信号的指导下，使蛇每个个体在一定条件下建立共同的条件反射。为了使驯化获得的优良生产性能保持下去，这种人工建立的条件反射必须不断地巩固和强化，否则蛇个体后天获得的良好的条件反射在另一种条件下也可以消失。

4. 世代连续性驯化

经过长期驯化培育的家养优良蛇种，不可能通过一代的驯化就使其优良生产性能保持下去，而是经过几代，甚至几十代、几百代长期连续驯化，才能动摇其遗传基础，因此，要对野生蛇做重复性驯化，以利于其基因突变，保持其良好的生产性能。

● （二）野生蛇的基础驯化和专业驯化手段 ●

为了提高野生蛇的生产性能，应在蛇的发育早期阶段采取各种定向基础驯化手段，使野生蛇适应家养环境，转变食性，向杂食性方向发展，向家养方向变异，以利于集约化的生产管理，使野生蛇的个体生活方式转变为群体性生活方式。这不仅能为大规模养蛇创造条件，而且可使蛇类向增加产品的数量和质量优化方向变异，加快生长发育进度，并可增加蛇毒排出量。随着养蛇业的发展，生态规模养蛇，开发蛇产品，研究蛇类在人工饲养条件下的变异，通过各种人工条件的专项驯化手段提高蛇类的生产性能等，以达到产品优质高产的目的。

第六章　蛇类引种与繁殖技术

第一节　引种

引种的好坏关系到蛇的繁殖成活率和生长发育速度及其产品质量。因为养蛇需要注意品种的提纯选育，否则会使品种退化、生长缓慢、体弱多病、产毒量少、从而导致经济效益日趋下降。人工养殖种蛇可经有关部门批准后去野外捕蛇，如果本地蛇资源缺乏，需要到外地引进蛇种。引种蛇应注意以下几个问题。

一、引种的最佳季节

引种的最佳季节是在春、秋两季，春季天气不太冷不太热，引种后养殖不久便可进入产卵或产仔期。秋季天气不太冷、不太热，而且是蛇类的捕食旺季，身体也是一年中最强壮的时候，因此，秋季引种也是一个好季节。蛇场引进蛇种可由单一品种逐渐发展成多品种，因为刚开始处于试养阶段，养单一品种较易掌握养蛇的技术。一旦试验成功，再逐渐引进不同档次的蛇种。初养者应引养半大蛇（青年蛇），因为半大蛇在长势、抗病、吃食方面均好于小蛇苗，半大蛇在新的环境中能较快地适应。

二、应到规模蛇场且与当地差别小的地方去引种

蛇种来自异地，应尽量防止近亲交配。不要买蛇市或农贸市场蛇贩卖的蛇，如果买到刚强行填喂或灌沙注水的劣质蛇以及病蛇等，或已被拔去毒牙的毒蛇，不仅不能作为种用，而且活不了很长时间。引进种蛇应注意以下几点。

● （一） 检查有无内伤和外伤 ●

一般蛇的外伤用肉眼很容易看到，略伤表皮无需考究，涂擦碘酒后作种无大碍。关键是查有无内伤，具体做法是：把蛇放在地上，观察它的爬行姿态与爬行的自然感和灵活性，或是以两条蛇各执其头尾，自然拉直，看其伸缩能力、蜷缩能力强，说明无伤；反之，则不能选购或引进作种蛇。

● （二） 检查有无胆囊 ●

有的捕蛇者用利刀划开小蛇胆后，用针缝起来，再拿到市场上出售，这种无胆囊的蛇仍可存活一些时日，但不能选留作种蛇。

● （三） 检查毒蛇毒牙是否完整 ●

有的捕蛇者捕到毒蛇后，为了免受毒牙伤害而打开蛇的口腔，利用利器粗暴地把毒牙刮掉。这种无毒牙毒蛇以后多数难以养活，也不能选购或引进作种蛇。

● （四） 观察蛇的神态和外形 ●

如发现蛇的反应迟钝，不爱伸舌头，身体瘦弱，鳞片干枯松散、颜色失去光泽，这种蛇可能已染上疾病，不宜选作种蛇。

● （五）引进蛇苗要注意雌雄蛇合理搭配 ●

　　雌雄蛇比例失调，雄蛇过多或过少都会极大影响产卵繁殖。引种时要注意雌雄合理搭配。一般雌雄比以 5 : 1 或 8 : 1 为宜。

三、捕捉或购买种蛇,选择标准有一定体长、健壮

　　选购引进种蛇的规格大小（体重）一般以小型品种每条宜在 100 ~ 200 克、中型品种每条 150 ~ 350 克、大型品种每条 250 ~ 600 克为宜，活泼性好，蜷缩弹性好，凶猛有神，呈圆筒状，肌肉丰满，体表油光发亮，皮肤花纹色彩鲜艳明亮，无伤无病者为佳，暂时难以判定有无病伤者，可选隔离试养，经观察后确定有无病及外伤，再检查有无内伤。若将它放在地上爬行时灵活自然，或是以两手捉头尾自然拉直后，蛇的蜷缩能力强，说明无内伤，反之不能用作种蛇。如表皮略伤而无内伤，只要涂擦碘酒后不久即可治愈，也可用作种蛇。

第二节　种蛇的雌雄鉴别

一、外形识别法

　　雌、雄两性蛇外部形态上的差异（次级特征）不明显，除少数种类（如横纹斜鳞蛇）雌、雄两性的色斑不同而可以从不同的颜色鉴别外，一般从外形不易区别。但仔细观察雌、雄蛇的外形，某些特征还是有差异的。一般同类大小相当的蛇，雄性头部大，尾巴较细长，在靠近肛孔一段处向后的尾

基部稍微膨大（交接器官位于这里）。而雌蛇的头部相对较小，如蝮蛇的尾部较雄蛇粗而短，自肛门处向后是突然变细的。此外，一般雌蛇的腹鳞较雄蛇少，而尾下鳞则雌蛇多些。

二、生殖器官识别法

雌蛇有卵巢和输卵管；雄蛇有精巢、输精管，还有一对交接器（半阴茎）。从蛇的生殖器上区分雌、雄蛇最准确。鉴别雌、雄蛇生殖器的方法是一手抓住蛇的头部并使腹面向上，另一只手托住蛇的肛门部位，以拇指在肛孔向后方约 3.3 厘米处，自后向前挤压，若见蛇的肛孔内有 2 个半阴茎（即 1 对交接器）向外突出者为雄蛇；若见其肛门孔显得平凹，其肛孔内无 2 个半阴茎（即 1 对交接器），则为雌蛇。

第三节 蛇类繁殖过程与方法

蛇类属于雌、雄异体的爬行动物，行体内受精，卵生或卵胎生，自孵化出生后 2～3 年性器官成熟开始繁殖。

一、发情与交配

蛇类为季节性发情动物，在春季或秋季一般在 13～31℃ 的气温下发情交配，每年 4～5 月份和 10～11 月份两次交配期。雌蛇繁殖季节，由皮肤和尾基部腺体分泌产生一种特有的强烈气味，雄蛇闻到这种气味后会追踪雌蛇。有些蛇在交配前还有求偶表现，如眼镜蛇在交配前把头抬离地面很高，做一连串的舞蹈求偶动作达 1 小时以上。雄蟒蛇则用残留的后肢去挑逗雌蛇，引其性欲等。

　　蛇类交配一般选择在草地或灌木丛中。人工养种蛇交配于蛇房或在蛇场水池四周的蛇窝进行，交配时，雄蛇的一对交接器（两个半阴茎）从其尾基部的泄殖孔伸出，每次交配时只使用一侧的"半阴茎"。雌、雄两蛇相互紧紧缠绕为油条状，头部同一方，雄蛇身体剧烈抖动，雌蛇则伏地不动，射精后雌、雄蛇分开。蛇的交配时间因其种类不同而异，如乌梢蛇为15～48分钟，尖吻蝮为15～20分钟，蝮蛇长达24小时，1条雄蛇可与几条雌蛇交配。在蛇每年繁殖季节雌蛇虽只交配1次，但存于雌蛇泄殖腔的精子3年内仍有受精力。雌蛇怀孕后与雄蛇应分开饲养。

二、产卵与孵化

　　属于卵生的蛇类一般于6月下旬至9月下旬产卵，每年1窝。蛇卵一般呈白色或浅褐色，产卵是间断性的，蛇种、体形大小和健康状态不同，产卵数（产仔蛇数）不同。一般产程30～50分钟，有的蛇产程长达20小时以上。有的蛇类如尖吻蝮、蝮蛇、竹叶青等的生殖方式属于卵胎生（表2），它的受精卵在母体内发育，但受精卵与母体体液和营养无关。

表2　几种主要毒蛇的生殖方式、产卵（仔）数与孵化期

名称	生殖方式	卵径（毫米）	产期（月）	产卵（仔）数	孵化天数（天）
银环蛇	卵生	(34～36)×(17～19)	6～8	5～15	45～58
金环蛇	卵生	(45～54)×(22～24)	5～6	8～12	

（续表）

名称	生殖方式	卵径（毫米）	产期（月）	产卵（仔）数	孵化天数（天）
眼镜蛇	卵生	（42~54）×（26~31）	6~8	10~18	47~57
眼镜王蛇	卵生	（30~44）×（12~20）		21~23	
尖吻蝮	卵生	（40~56）×（20~31）	8~9	10~12	25~30
蝮蛇	卵胎生		8~10	2~6	
竹叶青	卵胎生		7~8	3~15	

　　蛇孕期必须加强饲养管理，增加饲料种类和数量的供应。1条母蛇交配1次后可以在数年内产出受精卵，但因精子数会随时间推移而减少，致使后来产出卵的受精率下降。因此，在蛇的繁殖季节，雌、雄蛇应正确搭配，使母蛇体内有足够数量和一定质量的精子，使受精卵正常发育。检查蛇是否怀卵的方法是：先用一只手捏住蛇颈部，另一只手从蛇的腹部轻轻按摩滑动至肛孔，若在腹部摸到有凹凸处，说明已怀孕。凹凸处距肛孔越近，说明距离产卵的时间越短。必须尽快地把即将要产卵的母蛇关进箱内或产卵室内；卵胎生的蛇其卵在各自输卵管内发育，然后产仔蛇。孕蛇饲料中应将生鸡蛋液增加至300克，另加20克奶粉、5片钙片。母蛇产卵前3~4天不思饮食，焦躁不安，爬来爬去，寻找产卵地点，此期间需要保持安静，避免各种干扰，使它安心产卵，也可在母蛇产卵前将其关在蛇箱内饲养，让其在箱内产卵。母蛇于晚上产卵，除眼镜王蛇、尖吻蝮蛇有护卵行为外，大多数蛇产卵后离开产卵处，让卵在自然条件下孵化。人工养殖的雌蛇产卵后，应尽快移走，以防止其可能吃自己产的卵或其他蛇产出的卵。

三、蛇卵的人工孵化

蛇场要及时收集蛇卵，进行人工孵化，防止在室外久经阳光暴晒或湿度不均而降低孵化率。在收集蛇卵进行人工孵化时，应谨防蛇伤发生。有些种类如眼镜王蛇等，有护卵习性，蛇卵收集后更要注意安全。蛇卵收集后要及时在卵上注明产卵日期，并登记入册。由于产出的蛇卵上沾带润滑的黏液，当干燥后往往会使某些卵相互粘连。一般不需要将卵分开，若粘连面小，可从粘连点两侧向内轻掰，或用钝口刀形竹片轻轻用力分离。若个别卵略有卵白渗出。可用消毒药棉擦去蛋白液，然后贴以消毒过的小片胶布或纸片，孵化放置时一定要将破口朝上，以免影响孵化。

1. 孵化蛇卵的选择

健壮蛇产卵大多在短时间内完成。如健壮的银环蛇约在24小时内完成，而不健壮的蛇可延长达3天甚至更长。正常卵外形端正、色泽一致。为了提高受精蛇卵的孵化率，在孵卵前要对收集的蛇卵进行优选。优质蛇卵要求卵壳硬而饱满，具弹性，壳色发白而略带青色。对不符合要求的次质卵和劣质卵及不正常的受精蛇卵，如畸形不对称、卵壳过软、色泽异常的蛇卵应剔除弃之。当发现蛇卵因失水而凹皱时，可将一块新毛巾，用沸水烫过挤干放凉后，覆于卵上，可使失水凹皱的受精卵重新膨起，孵化时其胚胎可正常发育。

2. 蛇卵的人工孵化

经过挑选的优质蛇卵采用人工孵化法。蛇卵的人工孵化方法主要有坑孵法、缸孵法和箱孵法等。

（1）坑孵法　多数蛇卵人工孵化可采用此法。选择在干燥向阳山坡，挖掘深0.5米左右的坑，四周略高，把蛇卵集中横排放于坑中，蛇卵上覆盖潮湿沙土（相对湿度同缸孵法），让其自行孵化。为了防止坑内积水和鼠害，坑上应盖上木板或水泥板，在孵出前1周左右挖出蛇卵，放入木桶中木板或水泥板。

（2）缸孵法　大多数养蛇者选用此法孵化蛇卵。取一口大缸放置在阴凉、干燥、通风的室内，缸底铺上一层半湿的洁净沙土，铺沙土的厚度以离开缸口30～40厘米为宜。稍偏酸性的沙土，其湿度以握之成团、撒之则散为宜。如果湿度过大超过90%时，会增加蛇卵感染霉菌的机会；如果湿度低于50%，蛇卵还会干瘪。最好采取现代化孵化设备，可以大规模孵化蛇卵。然后在沙土上将所收集的蛇卵逐个横排，切忌竖直排放，否则会影响正常仔蛇的出壳率。以银环蛇卵为例，每34厘米见方，可以排放70～80枚，放置蛇卵一般以离缸口30厘米为宜，再在卵上铺放洁净新鲜苔藓。温度保持在20～30℃之间，用1块深色湿布覆盖缸口，用铁纱盖上以利通风换气，防止缸内湿度过大。加盖不仅可保持缸内温、湿度稳定，又可防止蚁鼠害，但不宜盖得太紧，以便透气。如温度30℃以上时，可以揭开透风几小时；若温度低于20℃时，能延长其孵化期，影响孵化率，因此孵化室内应人工加温或将盛有60℃温水的热水袋设架悬挂于缸内蛇卵上（切勿触卵），但不能让蛇卵直接在阳光下暴晒。最后将孵卵缸移至室内通风处。为了使孵卵四周温、湿度均衡。胚胎的运动适当，每隔 7～10 天时间应翻 1 次卵。若夏季天气闷热，可2～3 天翻卵 1 次，卵在翻动时应轻轻搬放，避免挤压与剧烈震荡。若蛇卵在湿度过大的孵化室内过久，卵壳上易生霉斑，发现霉斑后要及时用绒布轻轻拭去，并在生过霉斑的蛇卵上用毛笔涂上灰黄霉素溶液，晾干后再放入并及时打开缸盖挥发水分或适当加大通风换气，降低孵化室的湿度。同时要进行验蛋，及时观察蛇卵胚胎的发育情况。卵内胚胎的发育可借灯光通过小孔形成一束集中的光线，将蛇卵放置在小孔上观察；或不用灯光可在板上钻一小孔对着阳光照；或使阳光通过镜子平置于木板的小孔上来观察。早期正常的蛇卵胚胎可见有血色及血管分布，中期蛇头部位的移动较为明显，后期可见幼蛇的体形黑影，越到后期越明显。发现未受精卵和死胎时应及时将其剔除，以防止污染其他孵化的蛇卵。在蛇卵的孵化期每天都应做孵化记录。当仔蛇孵出后，还应记录仔蛇的孵出日期，孵化温、湿度，孵出仔蛇的大小、重量，孵化率，观察记录及各注（见表3）。

表3　蛇类卵孵化记录

编号	卵产出日期	卵重（克）	卵径（毫米）	孵出日期	孵化温度	幼体			孵化率	观察记录	备注
						体长	尾长	体重（克）			

蛇的受精卵经过一定时间的孵化，卵内的胚胎可发育成熟，即可孵出仔蛇，蛇卵的孵化时间长短不一，一方面决定于卵产前在母体内发育时间的长短，另一方面则与孵化时的温度有很大关系。一般蛇卵的孵化期为40～50天，不同品种的蛇类其孵化期也不同，如金环蛇、银环蛇卵孵化期为40～47天，眼镜蛇卵孵化期为47～57天，乌梢蛇卵为45～50天，尖吻蝮卵孵化期为20～22天等。若温度低于20℃，相对湿度高于90%，则孵化期延长，孵化率降低；若温度高于30℃，相对湿度低于40%，卵的水分蒸发就会加快，易产生凹陷，孵化率也会降低。湿度过大时，应及时打开缸盖挥发水分，或适当加大通风换气。

（3）箱孵法　适用于少量蛇卵人工孵化。木箱底装有50厘米高的半湿沙土，上面排蛇卵及孵化方法同缸孵法。卵上盖湿布，2天喷1次水，箱上盖上铁丝网或尼龙网以通风和防鼠害。每日翻卵1次。

四、仔蛇出壳前、后的处理

仔蛇出壳前，利用头端的卵齿将卵壳划开一道细缝，经过仔蛇持续地划动，使裂缝逐渐扩大，先将头部伸出壳外，身躯慢慢爬出，经20～23小时，仔蛇从裂缝爬出（图13）。仔蛇孵出不久，卵齿即脱落。为了使仔蛇能顺利逸出，挑选有裂缝爬出的蛇卵壳放入盛有沙土的箱内，使仔蛇避免挤压致死，又利于仔蛇出壳后能很快钻进沙土中藏身，以免仔蛇受热或着凉而影响成活。

图 13　人工孵化的眼镜蛇破壳而出

　　蛇卵在人工孵化时，每天都应有孵化记录（表3），当幼蛇孵出后，在泄殖肛孔前方有卵黄血管的痕迹，似一条裂缝状的为幼蛇的脐带，但很快会脱落，幼蛇饲养一段时间后，脐孔就会逐渐消失。

　　仔蛇孵化出壳后应挑出放在底部盛沙的泥缸里饲养，供给仔蛇食物和饮水，使其生长蜕皮。在仔蛇孵出 1～2 日内也可用无缝水箱或瓦缸饲养。箱的大小为 93 厘米 × 77 厘米 × 10 厘米，箱盖用铁丝网制成，用厚玻璃作正面箱板以便观察。箱底或缸底应垫上和孵化时一样的沙土，沙土上面放些瓦片等物，以供仔蛇藏身。箱内放置温度计和湿度计。要求箱内保持 20℃ 的温度，相对湿度以 50%～60% 为宜。在天冷箱内湿度低时，应将蛇箱移至室内，箱外包盖草包，箱内安装们瓦灯泡保暖，刚出生的幼蛇仔 2 周内靠吸收体内的卵黄来维持初生仔蛇体内所需的营养与消耗，随着日龄的增长其活动能力也逐渐增强，体内卵黄吸收已尽，需要从外界摄取营养。

对采食能力弱或投食不剩食的仔蛇可适当填喂一些流体食物，如用钝头注射器或医用洗耳球（药店有售）人工灌喂生鸡蛋、维生素 A、维生素 D 及钙片粉等混合流体饲料，一般 5～7 天灌喂 1 次。幼蛇蜕皮时不食不动，皮肤易被细菌感染，此间必须细心护理。待幼蛇在第 2 次蜕皮完成后，可直接投喂一些小蝌蚪、小泥鳅、黄粉虫等。最好在傍晚投喂幼蛇爱食的活蚯蚓等小动物，同时供给洁净的饮水。关于幼蛇的饲养方法见幼蛇的饲养管理，在此不再赘述。

第七章　蛇的饲料与投喂

第一节　蛇类饲料

蛇类是肉食性动物，主要捕食各种活的动物，但各种不同种类蛇的食性和食物种类差别较大，了解蛇在自然环境中的食性组成，有利于人工饲养时饲料的配制。蛇的食性可以通过解剖胃部，取出全部内容物和检查蛇粪便中未完全消化的残余物来了解部分食物。在人工饲养条件下，饲喂多种食物可供蛇对食物进行选择，自由取食，但用饲喂法研究爬行类的食物，其取食种类远较自然环境中的食物种类单纯，因此没有一定的局限性。由于蛇的食物组成往往随季节不同而有所改变，所以对了解和研究蛇的食性最好按月或季节进行。

根据蛇类捕食种类多少可将蛇分为狭食性蛇和广食性蛇两大类。狭食性蛇只吃某一种或某几种食物，如翠青蛇只捕食蚯蚓和昆虫；钝头蛇只捕食陆生软体动物；乌梢蛇主要吃青蛙；眼镜王蛇专吃蜥蜴和蛇等一两样食物等。广食性蛇类所捕食的动物品种较多，例如，赤链蛇吃鱼、蛙、蜥蜴、鸟、鼠或其他爬行动物卵等；灰鼠蛇吃昆虫、蛙、蜥蜴、蛇类、鸟类、鼠类等；眼镜蛇还吃鸟卵。广食性蛇类食性生活环境、分布地区、季节和年龄不同，所捕食的动物亦不完全相同

（表4）。

表4　我国主要经济蛇种的食性

蛇种类	蚯蚓	昆虫	鱼类	蛙类	蜥蜴	蛇	鸟类	鼠类	其他
蟒蛇				△	△△	△	△△	△△	甲壳类蝌蚪
乌梢蛇			△	△△	△				
灰鼠蛇		△		△△	.	△	△	△	蝌蚪
滑鼠蛇				△	△		△	△	
百花锦蛇		△		△	△		△	△△	
三索锦蛇				△	△		△	△△	
王锦蛇				△△	△	△	△	△△	爬行动物鸟卵
黑眉锦蛇				△			△		
翠青蛇	△△	△							
赤链蛇		△		△△	△		△	△	爬行动物鸟卵
渔游蛇			△	△					蝌蚪
虎斑游蛇		△	△	△△			△		蝌蚪
银环蛇			△	△		△		△	小型哺乳动物
金环蛇			△	△	△	△		△	小型哺乳动物
眼镜蛇			△	△		△		△△	小兽鸟卵
眼镜王蛇				△		△			鸟卵
蝮蛇		△		△△	△		△	△	
尖吻蝮				△△	△		△	△	小型哺乳动物
烙铁头				△			△	△	
竹叶青				△	△			△	
蝰蛇		△			△			△	
海蛇			△△						

野生蛇靠捕食自然界中野生的昆虫、蚯蚓、蛙类、鼠类

和鸟等小动物为食。人工养蛇应根据不同蛇种的不同食性，结合当地自然条件和不同季节进行选择性捕捉或人工养殖蚯蚓、泥鳅、黄鳝、青蛙、蟾蜍、野鼠等小动物供蛇捕食。

第二节　蛇类饲用动物的捕捉与饲养

规模人工养蛇的动物性饲料单纯靠在自然界中捕捉野生动物有困难，必须采取在自然界中捕捉和人工饲养相结合的方法才能解决规模养蛇饲料的供应问题。现将蛇类喜食的蚯蚓、青蛙、鼠类的捕捉与饲养方法，以及小鼠的简易饲养方法介绍如下。

一、蚯蚓的捕捉与饲养方法

●（一）蚯蚓的捕捉方法 ●

蚯蚓体内富含蛋白质，所以可作为蛇类饲料。蚯蚓捕捉方法如下：

1. 腐烂水果引诱法

夏季用腐烂水果放在蚯蚓栖息、潮湿的地方，引诱蚯蚓爬来吃食，即可进行捕捉。

2. 堆料诱捕法

把发酵熟透的饲料堆放在有蚯蚓的田边或菜园地中，堆高 30～40 厘米、宽 40～50 厘米、长度不限，一般堆置 3～5 天后就有蚯蚓聚集。若加 50% 肥土混合发酵做诱饵，诱捕蚯蚓的效果更好。

3. 挖掘法

用翻地钉耙在腐殖质多而又潮湿的地方挖出蚯蚓。

4. 灌水捕捉法

蚯蚓怕积水，在蚯蚓洞集中的地方用水灌洞，使蚯蚓出穴捕捉。

此外，还可用旧篮子或旧竹筛等容器，容器中放入蚯蚓爱吃的饲料，如甜料、厨房下脚料、烂苹果等，将容器埋在有蚓粪的地下后，5~8 天采集 1 次，一般可以采集 7~10 次。

●（二）蚯蚓的饲养方法 ●

饲养蚯蚓方法简单，占地少，投资少。饲养场地应选择遮光、阴暗、潮湿、腐殖质多又安静的地方，面积大小根据饲养规模而定。以下为其饲养方法。

1. 地坑养殖法

挖坑宽 100 厘米、长度不限、坑深 50~60 厘米，坑底和坑壁应夯实，以防止蚯蚓逃逸。分层放入蚯蚓饲养，上面用稻草麦秸类或树叶覆盖，使土壤内湿度保持在 60% 左右，若地坑内湿度小则应经常淋水。坑内温度在 10~30℃ 时，蚯蚓可以繁殖；15~25℃ 时，最适宜繁殖。冬季应在饲养坑上覆盖草帘等保温设备，夏季温度不超过 37℃。天气炎热时，地坑必要时应搭棚降温。蚯蚓的放养密度按 100 厘米见方，高 40 厘米，一次放养 500 条左右蚯蚓为宜。在人工饲养蚯蚓时数量较多，最好在地下埋设通气细孔管道，缓慢通气于地中，以防土坑中氧气消耗过多而影响蚯蚓的正常呼吸。同时，野外养殖蚯蚓要防止鼠、鸟、家禽的危害。

2. 箱盆缸坛式养殖法

蚯蚓养殖可利用废旧木箱、破缸（坛）等容器，在养殖容器表面钻些能渗水的小孔（防止蚯蚓外逃），底部放一层松湿的肥土如菜园土，上面放养蚯蚓，高度不超过 60 厘米为宜，最上层覆盖麦秸、稻草类或树叶。在室外饲养蚯蚓的箱或缸（坛）上面应加保护盖遮光保湿。为了防止雨淋或阳光直晒，可把饲养箱或缸（坛）放置在阳台或屋角或庭院塑料棚中。1 个月后应补充疏松营养土，以后每隔半个月补充 1 次。

二、青蛙的捕捉与饲养方法

青蛙的种类很多，一般指的是黑斑蛙、虎纹蛙和金钱蛙。青蛙肉质细嫩，为含蛋白质高、脂肪少、糖分低的滋补食品。青蛙以昆虫为食，如 1 只黑斑蛙 1 天能捕食 70 多只农业害虫。人工养殖青蛙不仅能供给蛇的活饲料，同时也是"农田卫士"，具有生态效益。

● （一）青蛙的捕捉方法 ●

捕捉青蛙的方法很多，如利用蛙成熟后性行为极为活跃、对食物反应不够灵敏的特性，用网捕法效果较好（图 14）。蛙在营养期（一般 6 ~ 10 月中旬）需要大量摄食，此时蛙类对食物反应灵敏，且行动敏捷，这时采用网捕与钓竿法相结合的捕捉法效果较好。钓蛙的钓竿似小型钓鱼竿，长为 4 ~ 5 米，钓线可用白线长 3 ~ 4 米，线端钓饵可用蚱蜢、蚯蚓或小白面团代替，待蛙吞饵后立即将蛙放入网中捕获。蛙在营养期和生殖期的夜间，可利用灯光捕捉，如用手电筒照蛙眼后，蛙眼因强光照射而呈眩盲，即可乘机网捕或手捉（图14）。蛙冬眠期可在水稻田离地面30～70厘米处用锹挖出。

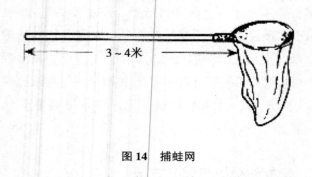

3～4米

图14 捕蛙网

● **（二）青蛙的饲养方法** ●

1. 养蛙池的建造

养蛙池应选择在温暖避阳而又潮湿的地方建造。野外大池以4米×6米为一单池，池壁用砖和水泥砌成，庭院小池一般以1米×（1.5～2）米为宜，池深1米，设有灌水孔和排水道，水深20～50厘米。池面必须设有遮阴板。一般每平方米放养成龄青蛙幻只左右。池的向阳一面堆成土堆坡，土堆上种植青草或在农作物池中投入漂浮性水草，以供青蛙陆上栖息。蝌蚪培养池采用水泥池为好，但只需留少量陆地面积，以供变态后的幼蛙登陆栖息。

2. 饲养管理

蝌蚪孵出后第4天开始人工投饵，每万尾用15个熟鸡蛋揉碎带水泼饲喂，每天1次或2次，第5天后改喂豆浆、麦麸、配鱼粉末状饵料等。饲养2周后移入饲养池，蝌蚪经

20～30 天饲养后逐步以红虫、水蚤、蝇蛆为主食，也可用豆浆、豆渣，豆饼粉、小球藻为主食，如喂一定量的鱼粉促其生长，每天投喂 1～2 次，饲养投放在饵台上，饵料要求粉碎成末状，并用水调成黏稠状后再泼喂。

蝌蚪期应加强管理，当发现池水中有气泡或水质有腐臭味时应立即换注新水，一般每 3 天换 1 次水。蛙卵孵化后 70 天左右变成幼蛙时，即可移入幼蛙池饲养。

幼蛙可采用高密度集中圈养。圈养幼蛙水泥池内壁光滑，高度 1 米左右，池水深 20 厘米左右，在水面上放置饵料台，先用鲜活诱饵喂 1～2 天，第 3 天开始在诱饵中添加 20% 的人工饲饵料，活饵料主要是蚯蚓、蝇蛆、小杂鱼虾、昆虫等。以后逐渐加大比例，10 天后增加到 80%。最后过渡到完全摄食人工饵料。投料要求定时、定量、定位。春、秋季宜在中午投喂；夏季宜在早晨或晚上投喂，每次投料量以幼蛙 1 小时左右吃完为宜。体重 50 克以下的幼蛙投饵量应占体重的 6%～8%；体重 100 克以上的幼蛙，投饵量应占体重的 8%～10%。幼蛙饲养 20～30 天时放干池水，将大规格幼蛙按每平方米 60～80 只密度转入成蛙池饲养。小规格幼蛙可留原池饲养。

幼蛙转入成蛙池后，摄食量大，生长速度快，需要充足饵料，并要增加动物性饲料的饲喂如蚯蚓、红虫、球藻、水蚤等高蛋白、高繁殖率的活饵。若饵料不足，可投喂混合饲料，如菜籽饼（粉状）60%、米糠（或麦麸）30%、豆粉 5%、鱼粉 5% 混合均匀制成；并在养蛙池或在养蛙田块中间设置黑光灯诱虫供蛙捕食。同时，要及时调整饲养密度，成蛙1个月后，蛙体重量达100克时，饲养密度每平方米10~15只，再经短期饲养即可捕获供作蛇的饲料。

三、鼠类的捕捉方法

自然界鼠类多，危害大，捕鼠喂蛇可化害为益。捕鼠方法有很多，现介绍几种简易有效的灭鼠方法。

●（一）鼠夹捕鼠法 ●

用钢夹（图15）捕鼠时，先用铁锹铲平鼠洞口，然后把诱饵放在鼠夹紧贴洞口处，待鼠出洞吃食时一触即发，百发百中。

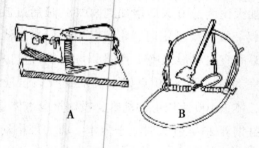

图15 捕鼠夹具

A. 木板鼠夹；B. 钢丝鼠夹

●（二）弓吊捕鼠法 ●

在鼠洞边准备根竹竿，顶端用绳子系个网套，然后把竹竿弯下，网套置于洞口即可。当鼠一旦出入洞口触动机关便被吊起来。用此法捕鼠，丘陵地区采用效果好。

● （三）　松香捕鼠法 ●

取松香 7 份熬成液状，再掺入 3 份麻油混合加热均匀成胶。将此胶均匀地摊在板上，中间放些香诱饵，诱使老鼠吃饵时被粘住。

● （四）　酒瓶捕鼠法 ●

采用啤酒瓶或是相似的酒瓶，洗净后先向瓶里放两小块玉米饼或肉皮等诱饵，再将酒瓶嘴插进墙边的鼠洞口内，酒瓶上面盖上破麻袋遮光，瓶底部略低些形成斜面，使老鼠进去后爬不出来。在老鼠多的情况下，头 1 天下午插进酒瓶子，次日上午拔出就会有几只老鼠钻进瓶内，其中多数是小老鼠，也有中等老鼠。

● （五）　鼠笼捕鼠 ●

目前国内外的机械捕鼠器很多，较常用的捕鼠器是大型鼠笼，其规格为 30 厘米 × 13 厘米 × 12 厘米，网眼直径为1.5～2 厘米，笼身四周相连结处均编织在铁丝网笼（图 16）内，可放入含水分多的香甜食物，可捕获黄胸鼠和褐家鼠等。小型鼠笼与大型鼠笼相同，但较大型鼠笼小，重量轻，笼内可放些水分少或干的小颗粒食物，如面粉等。可以捕获小家鼠等。

老鼠性机灵狡猾，诱鼠捕鼠必须注意以下几个问题。

1. 捕鼠前不要干扰鼠群的活动，还要断绝鼠粮，迫使老鼠不择食，否则它不会轻易吃诱饵。

2. 配制老鼠诱饵时，应根据各类鼠的习性选择适口的食物。

 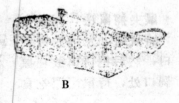

A   B

图16　捕捉老鼠常用的笼具

A. 倒须捕鼠箱；B. 捕鼠笼

3. 捕鼠用具用后必须烫洗干净，因为老鼠嗅觉灵敏，即使有一点异味也能识别出来，用捕鼠器与诱饵使鼠没有任何感觉，才能获得最佳的灭鼠效果。

4. 捕鼠时，必须根据不同环境选择使用捕鼠用具与诱饵（图16）。

四、小白鼠的饲养方法

小白鼠分类属于哺乳纲、啮齿目、鼠科。我国饲养小白鼠的历史悠久，主要用于实验，现已饲养供作蛇的饲料。

● （一）养鼠笼具 ●

饲养小鼠可用铁丝编制的鼠笼具饲养，一般长30～50厘米、宽26～70厘米、高17厘米，盖面上安装有添加饲料及安放玻璃瓶做的饮水器的网兜，网兜孔的大小以逃不出仔鼠为原则。笼具底铺垫锯末。母鼠分娩前后应加干燥柔软的纸屑作垫物，每周要更换2～3次。

● （二）饲养 ●

小白鼠对营养变化极为敏感，因此在饲养过程中必须供应稳定的、营养丰富的饲料。一般采用配合饲料，其配方是：麦面 25%、玉米面 20%、高粱面 15%、豆饼面 22%、麸皮 18%，另加鱼粉 4%、骨肉粉 2%、酵母粉 1%、胃粉 3%、鱼肝油 1%、食盐 1%。按上述比例将饲料混合均匀，烤成块料。烘烤温度不超过 80℃，时间不宜过长。因小鼠有随时采食的习性，所以，白天不要定时定量饲喂。1 周投喂 3～4 次饲料和饮水即可。母鼠怀孕后饲料消耗量增多，仔鼠产出后 21 天左右断奶，母鼠每天消耗饲料减少到 6 克左右。应加强对刚睁眼和断奶的仔鼠的营养，特别要加喂营养较高的颗粒或软料。为增加母鼠哺乳量，可适当加喂葵花籽，以满足仔鼠的正常生长发育需要。

● （三）管理 ●

将养鼠笼具放置饲养室内，温度应保持在 20～25℃，相对湿度 50%～70%。夏季饲养室内要求通风，并注意降温防潮，同时每天要清扫残存食料与粪尿，搞好卫生、防治疾病。此外，饲养室门窗应安装纱网，防止蚊蝇及害兽、猛禽侵入危害小鼠。

● （四）繁殖 ●

小白鼠在 60～90 日龄后体成熟即可配种，母鼠妊娠期一般为 18～23 天，分娩多在夜间进行，仔鼠哺乳期为 18～21 天。留作种用繁殖的小白鼠，9～11 月龄或生产 6 胎以后，即可淘汰作为蛇的活饲料。

第三节　投喂饲料和填食方法

人工养蛇的投喂方式，时间、地点均需依照蛇类的食性、活动场所、生活习性及其摄食方法进行。如银环蛇宜喂泥鳅、黄鳝，并应将其放入浅池中供其捕食，如放入深池中则难以捕捉，投饲地点宜选在蛇经常出没处，投喂时间也要恰当。

蛇的种类不同，饲料种类和投饵量也不完全一致，如蛇在 5、7、10 月份对营养需求高。因为 5 月份是蛇的交配怀卵期，7 月份是蛇的产卵期，10 月份是冬眠前需要积蓄养料的时期，每月一般投喂两三次或每 5～7 天投喂 1 次，雌蛇产完卵后身体虚弱，需要每周投喂 1 次。当然，具体饲喂饵量还应根据蛇的种类、年龄、性别、体形大小等灵活掌握。每次投食后应注意观察蛇的采食情况，随时调整下次投喂的时间和数量。

对自然采食能力弱或有口腔炎或其他疾病拒食的蛇可采取人工填食。填食器可用 100 毫升兽用金属注射器改制而成。主要是在注射器前端安装 10 厘米、直径 8 毫米的探针，用于仔蛇的填食器是将注射器配上磨掉针尖的大号针头即成。填食前，先将填食器进行消毒，为了减少对食管的摩擦和机械损伤。填食时轻抓蛇颈部和尾部，将注射器前端安装的探针慢慢插入蛇口内至食管，推注射器内的食物入胃内。填完食后拔出探针时，需用手指轻压探针端部的食管，避免将食物带出。填食量取决于该蛇的 1 次捕食量，填食频率因幼蛇代谢较成蛇快，填食频率可略加大一些，填食后应用水冲洗蛇口腔中残留的食物，并供给足够的饮水。一般在填食蛇 1～7 周排出粪便，在蛇粪便排出的第 5 天左右可以进行下一次填食。当气温下降至 15℃ 以下以后不宜填食，以防止发生呕吐和引起消化不良。对于患有口腔炎的蛇，填饲前需用 0.05%

的高锰酸钾水或生理盐水冲洗掉其口腔的脓血然后再填饲，填饲后给足够饮用的清洁冷开水、井水或山泉水，并在饮水中加入少量维生素。

第八章　蛇的饲养管理

养蛇必须依据蛇野生生活习性，模拟蛇在自然界中的生活方式进行人工饲养管理，为蛇的活动、觅食、栖息、冬眠和繁殖创造良好的条件。放养时必须将毒蛇和无毒蛇、不同种类和大小的蛇分开饲养，可将规格大小相同的同种蛇类放养在一起，以便按照蛇不同生长阶段和繁殖期，采取不同方法进行饲养，以防止大蛇吃小蛇的现象。

一、仔、幼蛇的饲养管理

刚孵出的仔蛇需要暂养于蛇箱中，并保持适宜的温度和湿度，以使其在适宜的环境下顺利蜕皮，仔蛇出生后 7～10 天内，一般不进食只饮水，仔蛇卵黄耗尽以后，需要保证供应优质易消化的饲料，在蛇箱内投喂一些小昆虫和小动物，对采食能力弱或不采食的仔蛇可适当填喂一些流体食料，幼蛇每次投食 10～20 克，每 5～7 天喂 1 次，以保证其生长发育的营养需要。仔蛇的生活能力逐渐增加，1 个月体重可增长 2 倍，这时需要对仔蛇进行驯化，拓宽食性，待幼蛇生长到一定阶段后，投喂方法和成蛇一样。同时，要注意观察仔（幼）蛇的采食活动情况、生长发育速度等，选择食性广、食欲旺盛、适应性强、抗逆性强的个体作后备蛇，蛇是变温动物，温度过高、过低对蛇生长都不利，尽量缩短冬眠时间，延长生长期，缩短养殖和生产周期。每年春、秋两季结合出蛰、入蛰进行种蛇的选择。刚从外捕的幼蛇只有在基础驯化的前提下才能适应人工养殖的环境条件，幼蛇长到 50 厘米后应雌雄分开饲养。

二、成蛇的饲养管理

蛇场一般每平方米可饲养体重 1 千克左右的蛇 10 条，小蛇可适当多放养一些。饲料丰盛是喂养好蛇的关键。但蛇的食物基本都是鱼、黄鳝、泥鳅、蛙、蜥蜴、鸟、鼠等。蛇的品种不同，所摄取的食物也不同。人工养蛇投放饲养活体动物饲料，如活体的大小白鼠、青蛙、蟾蜍、泥鳅或小鱼类。为了保证大规模养蛇的需要，人工可养殖蚯蚓、黄粉虫、地鳖虫等昆虫，投食要广谱多样化才能保证蛇的健康和成长。北方的蛇类出蛰时间在 3 月中、下旬。刚出蛰的蛇，开始半个月基本不进食，至 4 月份少量进食，可少量投喂，同时应备好夏季饵料。每周投饵 1 次，对已腐烂变质的食物应及时清除，以防食后中毒。蛇在冬眠至春末活动期体力消耗大，这时应多提供些小动物给蛇采食。一般每月投食 2 次即可。盛夏和秋季，是蛇捕食、活动和生长旺盛季节。因此，要定期投放充足的食料，要求保证饲料干净，蛇能吃饱喝好，这样才能使蛇健康地生长繁殖。在蛇的活动季节，每周要投料 1 次，每月投食次数要增加到 4～5 次。入冬前必须供应充足的食物，每只蛇的投喂量为其体重的 455%，以提供足够的热量

过冬。蛇在冬眠期间停止摄食。在入蛰前或出蛰后 15～20 天
基本不进食，产卵后 7 天内食量最大。天气炎热时蛇类的食
欲减退。

三、蛇场的四季管理

　　蛇是变温动物，其体温能随环境温度的变化而变化。温
度过高或过低都对蛇的生活不利。它们活动最适宜的温度为
20～30℃。清明前后，温度范围在 12～20℃时蛇类大都在暖
和天气的中午出洞晒太阳取暖，初春的晚上气温仍然较低，
蛇窝内必须保暖。初夏天气晴朗，气温 15～18℃时，蛇在中
午也喜欢出来短时间晒晒太阳。在白天出洞活动的多是公蛇
或体质较差的蛇、有病的蛇。夏天暴雨之后的晚上，蛇几乎
全部出洞活动。但遇阴雨闷热天气，气温超过 30℃、相对湿
度在 80% 以上时，蛇在白天也偶尔出来活动或栖于洞口处乘
凉。为解除盛夏酷热做准备，春季可在蛇园内种植花草、灌
木或夏季搭盖遮阴棚为蛇遮阴，炎夏中午气温超过 35℃时，
应采取洒水降温措施。冬季寒冷时，蛇类等变温动物为了避
开暂时的季节性恶劣条件，会随着气温下降而进行冬眠，此
时蛇体进入麻痹状态，其心跳和血液循环减慢，呼吸次数减
少，肾脏浓缩尿液以保持水分，从而不至于危及生命。为了
使养蛇安全过冬，越冬的蛇窝要建在向阳、通风、利于排水
之处，北方寒冷地区要根据冻土层的厚度来安排蛇窝的保温
土层厚度或加草保温，室内地面上可铺几层塑料薄膜，让蛇
栖息其上或夹层中，使蛇窝内温度保持在 5～10℃。空气干燥

会影响蛇的生活，空气中的湿度应保持在 50% 以上。在冬眠前，应供足食物以增加蛇体的营养贮备，为安全越冬创造良好条件。

● （一） 蛇安全越冬 ●

1. 容器越冬法

在木箱里铺一层 20 厘米厚的细沙。把蛰眠蛇放一层在沙上，再铺细沙 20 厘米，再放 1 层蛇，如此反复，直到木箱装满盖好，然后把木箱置于 0～2℃ 的窖内。第 2 年春暖时，把蛇箱搬入养殖地，让蛇爬出。

2. 钻孔修巢越冬法

在饲养场地，用铁杆钻深孔，让蝮蛇爬进洞内越冬，然后将洞口盖土 20 厘米。来年春暖除去覆土，让蛇自然爬出。

3. 挖坑堆石越冬法

在饲养场内，挖深 1.5～2 米的坑，内堆乱石、杂草等，待蛇爬进石缝冬眠后，再覆土 20 厘米，待到春暖后清除覆土，蛇会自然爬出活动。

4. 室内养殖幼蛇越冬法

室内安装几盏 60 瓦电灯泡，用膜包住或用电暖器控温。

冬眠后的蛇类体质较弱，活动能力差，容易患病，应给予营养饲养，加强对病弱蛇进行人工护理，使越冬后的蛇类体质尽快复壮。此外，蛇场内应有一套完整的管理制度，例如，蛇场、蛇窝需要经常打扫，进行清理、检查，及时清除粪便、换土、消毒，要注意养蛇场、室和蛇箱的卫生，清除动物尸体及食物残渣。发现病蛇应及时治疗或淘汰，发现死蛇应立即清除。蛇的天敌很多，应防止其进入蛇场危害。

● （二） 蛇场不同季节管理工作要点 ●

1. 春季管理工作（2~4月）

①清明前后由于气候较寒未暖，正是野外捕捉或收购养殖蛇种的大好时机，不仅易于捕捉和运输，而且，养殖后不久便可进入产卵、产仔期。新养的蛇应注意观察其食量大小、运动情况和体质等。发现异常者应查明原因，及时隔离单养治疗，以免扩散传染。

②在把蛇放入蛇场前，蛇场内应事先打扫清洁；饲料池，水池要进行彻底洗刷消毒。

③4月份气温回升，但早晚气温仍然很低，出蛰的蛇2~3周内开始不食少动，蛇体较弱，因此蛇窝应注意保温，此时不宜取毒，如春季取毒蛇会导致死亡。刚出蛰时遇到春干，蛇体水分散失较多，不利于蜕皮，蛇场要经常喷洒些水以调节湿度，水池中要保证水质清洁、充足。

④蛇类大多在春末、夏初季节进行繁殖，应观察了解蛇的活动，及时记录蛇的捕食、饮水、蜕皮、交配、繁殖、病虫害和死亡等情况。

⑤人工蛇园春季就要在蛇场种上藤本植物和瓜，以便在夏季气温高时蛇园有树荫、草丛遮阴，使蛇不受长时间的阳光暴晒。

2. 夏季管理工作（5~7月）

①夏季是大多数蛇类产卵或产仔的时期，蛇类的摄食量明显增加。夏季饲养管理得好坏，直接关系到养蛇的成败。因此，要加强对繁殖种蛇、特别是怀孕母蛇的饲养管理。

②母蛇在繁殖期为了避免干扰，公、母蛇交配后要分开饲养。供应充足的新鲜优质饲料，禁喂霉烂变质的饲料。对投喂后吃不完的饵料应及时取出，防止腐败后污染蛇场。同时要注意收集蛇卵，做好人工孵化幼蛇的工作。

③夏季雷雨期暴雨多，蛇场内积水，蛇窝应及时排水，梅雨期应保持蛇窝干燥清洁，经常更换垫物（忌放稻草，因稻草易发霉），可铺土、砖等物，防止口腔溃疡，体表长霉。酷暑要做好蛇窝降温通风工作，若蛇窝中蛇多，可安装排风扇使空气对流。发现病蛇应及时将其隔离治疗或淘汰。

④暑天应给蛇供应清洁卫生的饮水，防止饮入有农药污染的水而损害蛇体的健康，甚至造成死亡。蛇窝内注意防暑降温和通风，以减少蛇病的发生。

⑤毒蛇在此季可以取毒，但必须 25 ~ 30 天取毒 1 次，切不可连续不断盲目多取，以免损害毒蛇健康。

3. 秋季管理工作（8 ~ 10 月）

秋季气温适宜，蛇的摄食量增大，蛇摄取的营养物质大多用于长膘，主要以脂肪形式储备起来供越冬，因此秋季的饲料要质优量大，充分满足其需求，使蛇增加肥度，以保证蛇在冬眠期及来年出洞初期的消耗。所以，俗话说"秋风起三蛇肥"。对食欲不振的个别蛇可人工灌喂流质的配合肉类饲料，使其安全过冬。对摄食量小、体重不易增加反而掉膘的蛇，应作仔细观察和检查病因隔离治疗。同时秋季还要建好越冬的蛇窝，供蛇能安全越冬。

4. 冬季管理工作（11 月至翌年 1 月）

蛇的安全越冬是人工养蛇的关键时期。每年冬季当气温降至 10℃ 左右时，大多数蛇类停止活动和不食，开始入蛰进入冬眠状态，冬眠前蛇体的健壮程度也影响着蛇能否顺利越冬，因为蛇冬眠体内营养过量消耗，机体代谢失调，容易导致死亡，没有死亡的蛇翌年出蛰时体质也较弱，对种蛇影响更大。取过毒或体质较弱的蛇，越冬期间容易死亡，而肥满个大、身体强壮的蛇，越冬存活率大。由于蛇在越冬期不食，蛇体能量损耗较大，因此在蛇越冬前应让蛇吃足喝饱。冬季蛇类的食物比较缺乏，一般投喂人工养殖的鼠类、鹌鹑等鸟类，冬季可用网捕麻雀、泥鳅、雏鸡和杂鱼等。饲料要新鲜、优质且多样化。同时，越冬场所要求为合适、结构合理的蛇窝。幼蛇和体质较弱的成蛇，临近越冬期时，应做好其越冬室的保温工作，在蛇窝内垫上干草、纸屑或棉絮，或加盖塑料薄膜，提高温度，等其体质较强壮时，再停止喂食，逐步降低温度，让其入眠。此外，蛇的越冬场所要用漂白粉之类的消毒药消毒。蛇房在天气暖和的中午应适当通风换气，以保持空气的流通和清新。

休眠和半休眠的蛇，失去了对敌害的防御能力，因此要加强蛇越冬期的管理，防止鼠类及其他敌害的袭击。当气温回升，蛇开始出洞时，必须保持蛇场内有充足的阳光取暖。若蛇体发热而体温上升，会消耗体内的营养物质，减弱体质，难以安眠。在此期内应加强观察，并尽可能提供蛇爱吃的多种食物或是人工灌喂足够的、易消化的食物，一般需要每天投料 1 次，最好在傍晚出洞前投放。冬眠期在室内冬眠也需要放置水盆，一方面调节温湿度，另一方面气温高时可供蛇饮用。当温度太高时，及时去掉稻草，防止草发霉而污染空气，引起某些疾病，甚至死亡。

蛇饲养3个月后即可出售，冬季价格比平时会更高。

第九章 我国主要经济蛇种外部形态、生活习性与养殖技术

第一节 我国主要有毒经济蛇种外部形态、生活习性与养殖技术

一、银环蛇外部形态、生活习性与养殖

银环蛇地方名很多，如白花蛇、四十八节、银甲带、雨伞蛇、过基甲、白节蛇、寸白蛇、竹节蛇、银包铁头、节节乌、银甲带等。分类属于爬行纲、眼镜蛇科的一种剧毒蛇。毒腺极小，但毒性强，属神经性毒。银环蛇性温，味甘、咸，有毒，可以入药。孵化出壳 7~10 天，经去内脏的幼小银环蛇干燥体中药材名称金钱白花蛇为名贵中药材，用酒浸泡处理后，以头为中心盘成圆盘形，用竹签撑开以文火焙干而成，有祛风、活络、攻毒、镇静等功效。可治半身不遂、类风湿关节炎等症。并且金钱白花蛇也是再丸的一味成分。银环蛇成蛇剖腹去内脏干燥后，称银蛇干，药用功效同其幼蛇，蛇胆可入药，有清热化痰、镇静的作用，主治热痰壅盛、小儿惊风等。

● （一）银环蛇外部形态与生活习性 ●

银环蛇体较细长，体长 0.6~1.2 米，大者可达 1.6 米。

头部椭圆形、稍大于颈部，头顶呈黑褐色。眼小，眼前鳞大、1片；眼后鳞1片。吻端较钝，吻鳞的宽远大于高，鼻鳞间的宽约和前额鳞的长相等。颅顶鳞长约为额鳞与前额鳞之和，鼻鳞2片。背鳞光滑，通身约15行。背中央的一行鳞片特别大。体背面有黑白相间的环纹带，白色横纹较窄，躯干背面有35～45个白色横纹，尾背有9～15个白色环带。脊背棱不明显。背鳞光滑，周身15行，正中1行鳞片为六角形。腹部乳白色，略有灰黑色小斑点，腹鳞200～218片。尾细长而尖。有时尾下部的黑环左右相连成金环。雌雄蛇的区别是，雄蛇头部比雌蛇大，尾部比雌蛇长。银环蛇的毒量虽少，但毒力极强（图17）。

图17　银环蛇

银环蛇多栖息于湿热带的平原、丘陵地带，在山坡、路旁、田埂、水沟和沟溪边或墙脚乱石堆下等地土穴中，常潜入古坟棺材板底下；秋季的中午或雨后也偶尔有银环蛇出入。

成蛇性怯，很少主动咬人，但在产卵孵化、睡觉或人太逼近时也会咬人。较敏感，畏强光，所以昼伏，多夜间出来觅食活动，直至深夜或黎明前才返回洞内。秋季的中午或雨后也偶尔出来活动。食性较广，主要捕食蛙、蜥蜴和鼠，也吃鱼类（以鳝鱼和泥鳅为主）或其他蛇类及蛇蛋。每年 4 月上旬至 11 月下旬是活动期，11 月下旬开始入蛰至翌年 4 月中旬出蛰活动。活动期的一般温度要求 8 ~ 35℃，以 18 ~ 25℃为宜，对低温耐受性特别差，人工饲养银环蛇在 8℃以下需要采取保温措施。银环蛇性腺 3 年成熟配种，多于 6 ~ 8 月交配，翌年 5 ~ 8 月间产卵，每次产卵 5 ~ 15 枚，多为 8 枚。卵有硬壳和软壳两种，软壳呈冬瓜形，白色透明带肉红色；硬壳呈椭圆形，灰白色。所产卵集中，粘成一团。孵化期为 46 天左右，3 年后达到性成熟，在我国主要分布于江南，如福建、台湾、湖南、广东、广西、浙江、湖北、贵州、云南、安徽南部等地。

另外，游蛇科白环蛇属有几种蛇，背面都有黑白相间的横纹，容易被认为是银环蛇。银环蛇是一种剧毒蛇，上额前有毒牙（前沟牙 1 对），而白环蛇属的蛇不具毒牙。

● **（二）银环蛇的饲养与繁殖** ●

1. 蛇场笼舍的建造

蛇场应选择在背风向阳，地势高燥、有水源的僻静地方，蛇场面积大小根据养蛇数量而定。蛇场围墙用砖石砌成，高约 2 米，内壁用水泥抹面，四角砌成圆弧形，墙基深 0.5 ~ 0.8 米，要用水泥灌注牢固，以防鼠蛇打洞，蛇场门应设双重门，内门向蛇场内开，外门向场外开，以防银环蛇外逃。蛇场内地面要有一定坡度，以利于排水。蛇窝应设在背风向阳的地势高处，窝内地面高于地面 10 厘米左右，地面用砖石和水泥砌成。蛇窝四周用砖砌成 1.2 米高的墙。蛇窝外其余三面堆上 0.5 米厚泥土，呈土包状。通道出口处设一扇底部可供蛇自由出入的门，通道两侧各有 1 米连通水沟，并通向水池，以供饮水、洗澡。水池中种些水草，最好养些饲料性动物如小鱼虾、泥鳅、蛙类等，供银环蛇晚上顺着水沟到水池捕食。在蛇窝的周围堆土种草，模拟自然生活环境。

2. 饲养管理

（1）仔蛇的饲养管理 刚孵出的小蛇，7 天以前靠自体营养生活，仔蛇出生后 7 ~ 10 天，可用注射器灌喂生鸡蛋、维生素 A、维生素 D 及钙片粉末的流剂，10 天后喂适量的小泥鳅或黄鳝，并将它们移入蛇箱内饲养。箱内温度保持在15℃以上，相对湿度保持在 50% 以上。箱底要垫沙土，并放些碎砖、树枝条供其栖息，并用小瓷盆作水池、饲料池，供其洗浴、饮水，还要做好防逃工作。在箱内饲养两个月后，就可以移入蛇场中隔离单养。

（2）成蛇的饲养管理 饲养银环蛇可按雌雄蛇（8 ~10）∶1 比例混养，放养密度不宜过大，以防争食。人工饲养密度应依据银环蛇不同发育阶段和生理时期调整，成蛇每平方米面积可养 12 ~ 14 条，每次投放饲料数量可按饲养蛇的数量多少而定，应定时投放一些活的蛙、鼠、鳝鱼和鳅类。1条蛇每周只需投喂 1 条鳝鱼或给 2 ~ 3 条泥鳅等。蛇饿时会自动捕食池中养殖的活鱼、蛙等。5 月初银环蛇出蛰后身体虚弱和 11 月份银环蛇入蛰之前都需要大量养料补充身体，在此期间要尽量多喂，这是养好蛇的关键措施。银环蛇的捕食是先窥视动物，然后将鳝鱼咬死吞食，吞食是从头部开始的。吞食一条鳝鱼需 10 ~ 15 分钟。投喂的食物要清洁，饲养的蛇由于食物单调，故在严重饥饿或蛇体某些营养成分缺乏时，往往有大蛇吞食小蛇的现象。给蛇投喂的饲料，要求鲜、活、多样、充足、无污染、无毒，以免中毒、生病。在蛇出蛰后和冬眠前一段时间需要大量营养，一般每周投喂 1 次；其余时间可以少喂，每月投喂 2~3 次；冬季冬眠则不喂。饲喂时要在傍晚投料，即在蛇出洞活动前夕，这样蛇一出洞就能及时捕到食物。同时要控制好温度。银环蛇的活动场所温度范围为14~35℃，最适宜的温度为 20~30℃，越冬温度是8~14℃。银环蛇耐寒能力较差，当气温低于8℃时，容易受冻而死，故应设法保暖，在蛇窝中垫入干稻草、麻袋、破布、棉絮，必要时可在蛇窝外覆盖塑料薄膜，甚至在蛇场四周生火取暖。并注意保持蛇窝土地湿度在 10% 左右，当夏季气温高达40℃时，应设法降温，如在蛇场上搭盖树叶、凉棚遮阴，向蛇场泼洒凉水，往水池中灌井水等。否则，蛇有被热死的危险。

此外，要保持蛇场环境卫生，经常打扫蛇场，及时清除残存食物和粪便，定期更换蛇窝中的铺垫物，以防蛇病发生。平时要注意观察蛇的健康状况，如发现有活动异常、爬行困难的病蛇，应及时隔离饲养和治疗。同时注意捕杀鼠类等天敌动物，以防对蛇造成危害。

3. 银环蛇的繁殖

（1）捕捉蛇种的来源　种蛇养殖一般采取捕蛇养蛇的方法，捕捉种蛇应掌握银环蛇夜间的活动特性和繁殖特性进行捕捉。选用银环蛇的蛇种不宜过大，一般选择每条重 350~400 克、健壮无病、没有伤残、并有完整毒牙的作种蛇。将捕捉到的种蛇放入袋口有拉链的布袋里，先将蛇尾放入袋内，然后迅速地甩开头部落入袋里，立即拉紧袋口，携带方便。人工饲养雄、雌种蛇比例为1：（5~8）。

（2）配种与产卵

①配种：银环蛇需经3年以上性腺成熟才能配种。体质健壮的蛇，每年在5~6月间发情。另据资料报道，每年5~6月和9~11月均是银环蛇发情的时间。配种前交配适宜温度为15~18℃，湿度为30%~60%。雌蛇发情时，泄殖孔流出一种特殊气味的褐色黏性分泌物，雄蛇闻气味后找雌蛇交配。交配时雌、雄蛇昂头平行，雄蛇先伏住雌蛇，从泄殖孔放出侧半阴茎，并用尾部向母蛇缠绕成绳索状、不停地抖动，雌蛇伏地不动，类似动作可持续3~8小时，然后雌、雄蛇分开。1条雄蛇可连续与4~6条雌蛇交配。

②产卵：雌蛇一般在6~7月间开始产卵，产卵时的适宜温度为21~28℃，湿度为50%~20%，8月份基本完成，雌蛇将卵产于浅洞穴中。银环蛇的卵为椭圆形，呈白色或淡黄色，卵壳较柔软带有弹性。每条雌蛇可产卵6~8枚，150~250克重的雌蛇1次产卵5枚；300克以上重的可产卵10枚；0.5千克以上重的产卵12~14枚。雌蛇产卵后，为防止小蛇孵出后被大蛇吃掉，待蛇停产后应把蛇卵从窝内取出，进行人工孵化。

（3）人工孵化

①蛇卵选择：选择卵进行人工孵化要求卵壳光泽、饱满、较软、发育健康。将蛇卵对着日光或灯光用肉眼可以看见卵胚发育情况，发育正常的卵胚周围有红丝，并延长在卵体的1/3区内。随孵化时间的增长，红丝在1周内就扩散开来，两

周内红丝变粗而多。25 天后，用手捏卵会有脉跳动的感觉。35 天后，卵内可见黑团，即幼蛇体。卵壳的弹性随黑点增大而降低，但脉动感增快，这种卵经过 45 天左右的人工孵化，孵化率可达 95%。有两种卵不能孵化成幼体：一种是卵胚早死，即卵胚周围没有红丝而是斑点状的现象；另一种是未受精的卵，无红丝也无斑点。

②孵化方法：把蛇卵收集起来，埋在潮湿的沙地里，保持一定的温、湿度，孵化温度为 20～27℃，湿度为 50%～70%。或用大缸，缸内垫 33 厘米左右半干湿的沙土，将蛇卵放置沙土上，然后用湿布或稻草拧干将卵盖好，每天喷水保持布或稻草合适的湿度，农村可在住宅庭院土池子内，放上一半黄土、一半沙子拌成的混合土，将蛇卵放至土池的混合土上，利用 35℃左右的日温自然孵化，一般孵化期为 45 天左右。孵化温、湿度适宜时，幼蛇 30 天即出壳。蛇卵在孵化期或产出仔蛇后要谨防鼠类的食害。

二、金环蛇外部形态、生活习性与养殖

金环蛇亦称金蛇、金甲带、黄金甲、黄节蛇。北方民间称金报应，南方称毛巾蛇。分类属于爬行纲、眼镜蛇科的前沟牙类剧毒蛇。除去内脏取肉盘起烘干或鲜用，有通透关节、祛除风湿之功效，主治风湿麻痹、手足瘫痪、半身不遂、关节肿痛等，又可与灰鼠蛇、眼镜蛇浸制"三蛇酒"供药用。金环蛇毒为神经毒，有镇痛作用。胆亦可入药，有清热除痰功效，主治热痰壅盛等症。蛇肉还可食用。

● （一）金环蛇外部形态与生活习性 ●

金环蛇体长一般在 1 米左右，最长可达 1.6~1.8 米。体较粗壮。头部小，略呈椭圆形，稍大于颈，眼小。有鼻鳞 2 片，上唇鳞 7 片，眼前鳞 1 片，眼后鳞 2 片，前额鳞 1 片，后额鳞 2 片。有前沟牙。体鳞光滑无棱，背鳞平滑，全身 15 行，脊背显著隆起。腹鳞 212~216 片，肛鳞完整、单一，尾下鳞单行 33~36 片。头部和颈背面黑褐色，有"Λ"形横纹斜达颈侧，吻褐色，上颌缘色浅，镶以深色边；身体背面和腹面均有黄色与黑色相间排列的环纹，黑色环纹较黄色环纹略宽。腹部色较淡。尾部短、其末端钝圆而略宽，尾部有黄环带 3~5 条（图 18）。

图 18　金环蛇

金环蛇栖息于湿热地带的山地、丘陵或平原地带的丛林中。常见于潮湿地带或水域附近，性温驯而胆怯，畏光，白天常盘曲身子把头埋在肚皮底下隐伏，多在晚间出洞活动觅食，主要捕食鱼、蛙类、蜥蜴、鱼类及其他蛇类，偶尔也食蛇卵等。繁殖方式卵生，5~6 月产卵，每产 8~12 枚，常将卵产于落叶堆下或洞穴内，雌蛇有护卵习性，幼蛇性凶猛、活跃。分布于我国江西、湖南、福建、广东、海南、广西和云南等地。

● **（二）金环蛇的饲养与繁殖** ●

1. 蛇园、蛇房建造

蛇园、蛇房应建在背风向阳、地势高燥、土质致密、离水源较近而又远离居民区、僻静的地方。人工饲养金环蛇可采取蛇园、蛇房（少量采取蛇箱饲养）。蛇园内应模拟金环蛇野生环境条件。蛇园四周围墙高 2.5 米，墙内壁要求用水泥抹平，墙角处要砌成圆弧形，墙基深入地下 1.5 米，并在 1.5 米土层深处用三合土夯实，防止鼠类打洞，使蛇外逃。蛇园内地面应有一定坡度，园墙四周有排水沟，进排水孔应设铁丝拦网，以防金环蛇逃出园外，金环蛇白天常盘伏休息，到夜晚出来活动，在园内要建有蛇房，高约 1.2 米，宽 5 米左右，纵深 6 米左右，通道口底部留空隙供蛇进出蛇窝，或利用简陋旧房改建成蛇房，但要求房内墙壁平滑且无缝无洞，保温蛇房门窗和走廊要有铁丝拦网，以利通风和便于饲养人员观察、投喂食料和清除粪便搞好卫生。蛇房内建有一定数量的蛇窝，蛇窝地应高于窗外地面 10 厘米左右，以防水流流入窝内，蛇窝门边外其余三面堆上 0.5 米厚泥土呈土包状。园内建有水池和饲料池，要求水池高于饲料池，并通过浅水沟相通，饲料池内有排水孔，孔口安装有拦网防蛇和饲养动物逃出，水可以经排水沟排出园外，以保证池中的水处于流动清新状态。饲料池内可饲养鳅、鳝、蛙类动物供蛇自由捕食，为了创造适宜金环蛇生长发育繁殖的生活环境，蛇园内需要种植树和草等植物，并堆置石山、石洞，供蛇栖息和隐蔽。

2. 饲养管理

幼蛇孵化出壳后可放在 15℃以上的保温蛇箱内饲养，箱内相对湿度维持在 50%以上，一般 10 日龄内靠卵黄维持自体营养，不需喂食，只需喂给清洁水即可。10 日龄以后才少量觅食，一般投放一些鲜碎黄鳝、泥鳅等优质易消化爱吃的食物，对体弱不食的蛇，可用注射器或洗耳橡皮球等工具灌喂一些流体食物。幼蛇的耐饥能力强，20 天不采食，只要有足够的饮水一般是不会饿死的，如果不饮水就会渴死。但人工饲养要尽可能提前开食，以利于蛇生长发育和繁殖。

幼蛇饲养应与成蛇或同种蛇按大小、强弱分开喂养，不能混养，以防成蛇吞食仔蛇，防止蛇吃蛇或大欺小，互相打斗伤亡。遇到低温时可用 200 瓦电灯加温，或把粗糠放到蛇房内以助御寒。仔蛇饲养中应经常更换饲料池中的水和蛇窝内的垫料，及时清除残余饲用动物尸体与粪便，并要定时消毒，保持蛇园环境卫生，平时应注意其活动、饮水和精神状态，发现病蛇及时捕出隔离治疗，此外，还应注意防止蛇的天敌对幼蛇的危害。

金环蛇成蛇的食料可采取在蛇园内养蛙类、蜥蜴等小动物供蛇自由捕食。平时可捕些蛙类放入蛇园内，以弥补饲料不足。每年 5 月初金环蛇出蛰后身体虚弱，在入蛰之前需要积累大量养料补充身体以各冬眠时期对营养的消耗。11 月初以后气温下降到 10℃以下便入蛰冬眠。为了满足金环蛇在上述两个采食高峰期对营养的需要，每天傍晚可在金环蛇出窝活动前在蛇园内投放小白鼠等，在饲料池放些新鲜的鳅、鳝或其他鱼类，数量以吃完不剩为准，尽量做到多喂、喂饱为宜。

金环蛇是变温动物，11月份以后气温下降，金环蛇越冬时要注意保暖，要把经过太阳照射过的土填入蛇窝内，使蛇窝中温度保持在11~13℃，相对湿度在10%左右，以使蛇类安全越冬。越冬以后可将冬眠初醒蛇从蛇窝捕移到窝外晒太阳3小时左右，进行日光浴，以增强体质。夏天炎热，蛇园内水池和饲料池上要搭遮阴棚，避免将饲料池水晒热，造成活的饲料动物死亡。加强蛇园管理，要经常清除剩余食料与蛇粪便，搞好蛇园卫生，食具和用具要经常消毒，预防蛇发生疾病。此外，要加强蛇园的巡视观察，防止蛇外逃和蛇的天敌动物危害。

3. 金环蛇的繁殖

金环蛇的繁殖方式为卵生，蛇繁殖期蛇园雄雌比例按1∶(5~8)混养，每年4~5月份交配，交配后雄蛇和雌蛇分开饲养。金环蛇5月底至6月初一般在洞内产卵，每次产卵8~12枚。配种后雌蛇有护卵习性。挑选优质受精蛇卵人工孵化时要谨防蛇伤。

人工孵化的蛇卵要求新鲜，放置过久会降低孵化率。人工孵化主要采用缸孵或箱孵，缸底或箱底装30~50厘米洁净松土或细沙，湿度以手握成团撒手即散为宜。将蛇卵铺在沙土上面，横卧排成3层放平。一般大缸可孵化300~400枚蛇卵，最后在蛇卵上覆盖一层稍有点湿润的干净稻草，每日翻卵1次或3~4天翻卵1次。孵化温度应控制在20~27℃，孵

化湿度应控制在 10%～70%。孵化期为 40～47 天，孵化期的
长短与其温度和湿度有关。仔蛇利用卵齿破壳而出，出壳后
将仔蛇放入盛有沙土的箱内，让其钻入沙土中藏身，防止受
热着凉，以利仔蛇的成活。

三、眼镜蛇外部形态、生活习性与养殖

　　眼镜蛇又名膨颈蛇、饭铲头、吹风蛇、高颈蛇、蝙蝠蛇
等，分类属于爬行纲、眼镜蛇科的前沟牙类的一种剧毒蛇，
具神经性蛇毒混合性毒素，排毒量多。其肉有食用及药用价
值，供药用，有通经络、活血祛风的作用，主治风湿性关节
炎和神经痛。除去内脏及头，洗净，同金环蛇、灰鼠蛇浸泡
于纯净的米酒中 9～12 个月，即制成我国著名的"三蛇酒"，
具有祛风、活络、舒筋、活血、祛风湿、强壮等作用，主治
风湿症、半身不遂、腰痛等症。蛇毒还可以用来制造抗蛇毒
血清，是一种治疗毒蛇咬伤的特效药。另外，蛇胆入药，性
寒、味甘、苦，具有化痰除湿、清肝明目、平肝息风解毒之
作用。主治肺热咳嗽、急性风湿关节炎、胃热疼痛等。春、
夏季节捕杀蛇取胆囊，将胆口端扎紧，悬挂阴干或将蛇胆切
开浸酒即蛇胆酒，功效同三蛇酒。蛇蜕角质蛋白质含有 19 种
氨基酸，也可药用。

● （一） 眼镜蛇外部形态与生活习性 ●

　　眼镜蛇体较粗，体长 1 米多，头部呈椭圆形略扁，颅顶
鳞之后没有眼镜王蛇那样 1 对大的枕鳞，无颊鳞。有上唇鳞 7
片，下唇鳞 8 片，眼前鳞 1 片，眼后鳞 2～3 片，颈部鳞列

23～26 行，中段背鳞 21（一说为 19）行，肛前鳞列 15 行，腹鳞 164～178 片，肛鳞 2 片，尾下鳞全为双行、43～50 片。头背及体背呈黑褐色，当激怒时肋提肌收缩，头部扩展使颈部膨扁，显见皮面上有 1 对白边黑心眼镜状斑纹，故名"眼镜蛇"。其背面黑褐色，并布有黄白色狭长横斑 15 个，有时间可见个别有较细窄的白色横纹，幼蛇尤为显著。腹面色较浅，前段呈黄白色，其后渐次为淡黄色、黑褐色，尾长 11～21 厘米（图 19）。

图 19　眼镜蛇

眼镜蛇栖息地较高，一般位于海拔 1 000 米以下的平原、丘陵、山地地带的灌木丛及竹林中或溪水边。春、秋两季多在洞穴附近活动觅食，而夏季及秋初（5～9 月）则分散到山脚田野、河沟附近路旁觅食活动。当激怒时，躯干肌紧张，蛇前段竖起，发出呼呼声向前攻击，并喷出毒液。冬眠，3 月上旬开始出蛰，适应 8～38.5℃ 的气温，20～35℃ 为最佳温度，其耐热性强，多表现向阳性，系昼行性蛇类，主要在白天活动，基本上是上午 10 时到下午 2 时左右，天气闷热时在傍晚出来活动觅食，夜间可以准确地咬击目的物，性凶猛，多在晴天活动。眼镜蛇食性很广，主要捕食蛙、蟾蜍、鼠类、泥鳅、鳝鱼、其他蛇类及小型鸟类等。长江中下游一般从 12 月上旬开始入洞，大雪至惊蛰为冬眠期。眼镜蛇为卵生繁殖，多于 5 ~ 6 月间交配，6 ~ 8 月产卵，每次产卵 9 ~ 18 枚，孵化期约 50 天，孵化过程中亲蛇常在产卵场所附近活动。在我国分布于江西、浙江、福建、台湾、广东、广西、贵州、云南、湖北、湖南、安徽等地，主要分布在华南地区。

● （二）眼镜蛇的饲养与繁殖 ●

1. 蛇场的建造

选择地势平坦，靠近水源的平原、丘陵地区菜园等引入水源方便的地方建造饲养场。蛇场面积大小应根据养蛇数量确定规模。围墙式蛇场的周围用砖修砌，墙的高度一般以 2 ~ 2.5 米为宜。墙基要求深而牢固，墙基内用石块砌牢或用水泥灌注，墙内角呈弧形，蛇不能沿墙角上爬，以避免蛇外逃。围墙内壁需要用水泥涂抹，使之光滑无缝，并刷成灰白色，白色反光过强，不利于蛇类生活。眼镜蛇等剧毒蛇蛇场最好不设门，以避免开门时不小心被蛇咬伤。可在墙内墙外各用砖石砌成阶梯，但墙内阶梯要离开围墙 1 米左右。进入蛇场时可架块木板桥，不用时撤掉。围墙顶面要宽而平，一般 40 ~ 50 厘米，顶边突出墙壁两侧，以防蛇越过墙逃跑。蛇场内地面要有一定倾斜度，防止雨天场内积水。场内可根据养蛇的数量多少、大小分隔成若干单元，每个单元之间应具有蛇窝、水池和活动场地。

2. 仔、幼蛇的饲养管理

刚孵出的仔蛇需要暂养于蛇箱中，并保持适宜的温度和湿度，以使其在适宜的环境下顺利蜕皮，仔蛇出生后 7～10 天内，一般不进食只饮水，仔蛇卵黄耗尽以后，需要保证供应优质易消化的饲料，在蛇箱内投喂一些小昆虫和小动物，对采食能力弱或不采食的仔蛇可适当填喂一些流体食料，幼蛇每次投食 10～20 克，每 5～7 天喂 1 次，以保证其生长发育的营养需要。仔蛇的生活能力逐渐增加，1 个月体重可增长 2 倍，这时需要对仔蛇进行驯化，拓宽食性，待幼蛇生长到一定阶段后，投喂方法和成蛇一样。同时，要注意观察仔（幼）蛇的采食活动情况、生长发育速度等，选择食性广、食欲旺盛、适应性强、抗逆性强的个体作后备蛇，蛇是变温动物，温度过高、过低对蛇生长都不利，尽量缩短冬眠时间，延长生长期，缩短养殖和生产周期。每年春、秋两季结合出蛰、入蛰进行种蛇的选择。刚从外捕的幼蛇只有在基础驯化的前提下才能适应人工养殖的环境条件，幼蛇长到 50 厘米后应雌雄分开饲养。

3. 成蛇的饲养管理

蛇场一般每平方米可饲养体重 1 千克左右的蛇 10 条，小蛇可适当多放养一些。饲料丰盛是喂养好蛇的关键。但蛇的食物基本都是鱼、黄鳝、泥鳅、蛙、蜥蜴、鸟、鼠等。蛇的品种不同，所摄取的食物也不同。人工养蛇投放饲养的活体动物饲料，如活体的大小白鼠、青蛙、蟾蜍、泥鳅或小鱼类。为了保证大规模养蛇的需要，人工可养殖蚯蚓、黄粉虫、地鳖虫等昆虫，投食要广谱多样化才能保证蛇的健康和成长。北方的蛇类出蛰时间在 3 月中、下旬。刚出蛰的蛇，开始半个月基本不进食，至 4 月份少量进食，可少量投喂，同时应备好夏季饵料。每周投饵 1 次，对已腐烂变质的食物应及时清除，以防食后中毒。蛇在冬眠至春末活动期体力消耗大，这时应多提供些小动物给蛇采食。一般每月投食 2 次即可。盛夏和秋季，是蛇捕食、活动和生长旺盛季节。因此，要定期投放充足的食料，要求保证饲料干净，蛇能吃饱喝好，这样才能使蛇健康地生长繁殖。在蛇的活动季节，每周要投料 1 次，每月投食次数要增加到 4 次或 5 次。入冬前必须供应充足的食物，以提供足够的热量过冬。蛇在冬眠期间停止摄食。在入蛰前或出蛰后 15～20 天基本不进食，产卵后 7 天内食量最大。天气炎热时蛇类的食欲减退。

四、尖吻蝮外部形态、生活习性与养殖

尖吻蝮的别名很多，如祁蛇、祈蛇、棋盘蛇、蕲蛇、五步蛇、聋婆蛇、犁头匠、翘鼻蛇、翻身花、放丝蛇、吊扑等，分类属于爬行纲、蝰蛇科、蝮蛇属中的一种剧毒蛇，毒腺大，毒性颇强烈，蛇肉可食，蛇胆亦可入药。其蛇毒为血循毒，排毒量大，毒力较强，价格较昂贵。干制尖吻蝮是剖开腹部，除去内脏洗净，竹片撑开腹部盘成圆形后用文火烘干或晒干，为著名的中药材。去内脏干制品称"蕲蛇"；或炮制，即将蛇干去头、尾、鳞、用温水刷洗干净，晒干、切断、用酒（1：1）拌后，放在锅内微炒，取出晾干。名叫"白花蛇"，性温，味甘，微咸，有毒，中医以去内脏干燥体入药，有祛风湿、定惊等功效，主治风湿、瘫痪、麻风、小儿惊风、抽搐、破伤风等，也可治麻风、半身不遂、口眼歪斜、筋脉拘急、骨

节疼痛等症。尖吻蝮也是"大活络丹""再生丸"等中成药的主要配料之一。

（一）尖吻蝮外部形态与生活习性

尖吻蝮蛇体粗，体长一般1.8米左右，头大、呈三角形，与颈明显区分，口宽大，突出的特征是吻端延长，吻端及鼻间鳞形成一短而翘向前上方的突出，吻鳞之长为宽的2倍。头顶具对称而富疣粒的大鳞，与眼之间有一椭圆形颊窝，是热测位器。眼前鳞2片，眼后鳞1片，有一较大的眶下鳞。前额鳞大，后额鳞小，宽约为眼上鳞的一半。背鳞21～17行。色斑的变化较大，体色与头部呈暗褐色。体背呈灰褐色，两侧有一系列暗褐色"∧"形斑纹，腹面黄白色，两侧有黑色圆斑。腹鳞157～170片9肛鳞完整，尾下鳞52～59片，多为双行，少数单行。其尾短而尖，呈暗褐色；鳞上有棱，尾后端侧扁，末端一片鳞片侧扁而尖长，俗称佛指甲（图20）。

图20 尖吻蝮

尖吻蝮生活于海拔100～250米的小山或丘陵至海拔1 300米林木繁茂的山地的阴湿林中，常栖息于落叶较多的崖

116

石上、溪涧沟岩下或杂草中、路上或路旁、住宅附近的杂草及柴草堆内。白天常盘曲成圆形，头枕在中央，吻尖朝下，有时缠绕在灌木上，以夜间捕食为主，喜欢阴雨天活动，当动物迫近时会骤然袭击。晚上附近出现明火，有扑火习性。耐寒性较强，2℃时还会出窝活动。食性较广，捕食蛙、蟾蜍、蜥蜴、鸟及鼠类，有时也吃其他小型哺乳动物。大雪至惊蛰钻入洞穴冬眠。尖吻蝮卵生繁殖，6～8月产卵，可达10～20枚。雌蛇产卵后有盘卧卵上护卵的习性，不吃不动，孵化期1个月左右，待小蛇孵化出壳，雌蛇方离去。尖吻蝮分布于我国福建北部、江西、湖南、浙江、台湾、四川、贵州、湖北、广东、广西和安徽南部山区等地。

尖吻蝮与百花锦蛇相似，与尖吻蝮的区别是百花锦蛇的体形较长，体色有棕红色黄斑，无方块大斑块，头部略呈犁头形，吻端不尖出上翘，上颌骨具多枚小牙和无毒牙，背鳞微弱起棱。

● （二）　尖吻蝮的饲养与繁殖 ●

1. 养蛇场的建造

饲养尖吻蝮采用室内露天或半露天的接近自然条件的养蛇场为宜，蛇园面积的大小以100～150平方米放养成蛇50～80条为宜。

养蛇场应坐北朝南，并向南倾斜以利排水保暖，蛇场的面积一般不宜过大，需隔多间，每间大小以4米×5米或5米×6米、放养靳蛇20～30条为宜。围墙高2～2.5米，墙角处砌成圆弧形，养蛇场四周围墙2.5米，墙脚深入地下1.5米并在1.5米深土层用三合土砌牢，防止鼠打洞使蛇外逃。

蛇场内设置面积 1 米 × 1 米、深 0.5 米的水泥池，并有流水设备以保证水池中水质清新，在池四周适当位置设置多个蛇窝，并在池中放养水浮莲和蛙类、泥鳅、黄鳝等小动物。在水池四周建筑模拟生态环境的越冬蛇窝，以坟堆式为好，土层要厚，向南开窝口，土面加盖，蛇窝保温土层为 50 ~ 60 厘米厚，向阳利水，通风良好，保持温度 5 ~ 11℃，相对湿度 50% ~ 100%，便于打扫卫生。蛇场内应模拟野生环境，在场内要培植草皮和小灌木。

2. 饲养管理

食性　蕲蛇不同生长阶段对食物种类的要求也略不同。人工饲养幼蛇的捕食和消化能力较弱，因此应投喂个体小而易捕捉且易消化的食物，如在出壳后 10 天到第 1 次冬眠前，以幼小泽蛙配以乳鼠为食物；第 1 次冬眠出蛰后到第 2 次冬眠前以成体泽蛙和幼鼠为食物；第 2 次冬眠出蛰后到第 3 ~ 4 次冬眠前以小白鼠为主，蛙类为辅。成蛇人工饲养可投喂小白鼠及蛙类等。

3. 尖吻蝮的繁殖

（1）种蛇的选择　在成蛇中选择体重在 1 000 ~ 2 000 克，蛇体健壮无病，生长发育良好，体色鲜艳，性腺发育正常的蛇作为种蛇，放入繁殖园中精心饲养。

（2）交配与产卵　尖吻蝮 2 ~ 3 龄性器官开始发育成熟，通常在春季（4 ~ 5 月）和秋末冬初（10 ~ 11 月）为交配时期，多选在草丛、灌木丛中或蛇窝内交配。在阴雨天气温在 13 ~ 31℃时，雌、雄蛇交配十分频繁，每次交配时间短的约 18 分钟，长的达 2 小时。雌蛇一般在 8 月底至 9 月初在蛇窝内产卵，每窝产卵 11～29 枚或更多。雌蛇产卵后有护卵习性，终日盘曲在卵旁或卵上，此时雌蛇较凶猛，取卵时要隔离雌蛇，防止咬伤。取卵后，将新鲜无损、个体较大的蛇卵收集起来，人工孵化，将卵放置于平铺有 6 厘米厚的泥沙或杂草的孵化箱内，旁置一盆水，在箱内温度为 19.2～32℃、土温 17.5～31℃、湿度 51%～94% 的条件下，孵化期为 26.9 天，仔蛇孵出后 2～3 年，性器官发育生长成熟，通常在秋末、冬初交配，8 月底至 9 月初产卵。

尖吻蝮卵孵化温度要求在 25～30℃ 范围内，湿度要求在 74%～95%。对蛇卵采用人工孵化，不需雌蛇护卵，可按大小不同等级分开饲养，以尽早投喂食物，防止弱肉强食、自相残咬，以利尽快恢复体况。

仔蛇吻端具卵齿，出壳时用它在卵壳上划一细缝，吻端由此突破卵壳，然后逸出卵外，仔蛇多在夜间出壳。若有器物触击刚出壳的仔蛇时，仔蛇会本能地冲击扑咬。出壳后的仔蛇盘于卵壳周围，个别的还拖有脐带。第三天即可将孵化器转移到幼蛇洞饲养池以促进卵黄的吸收。此时的仔蛇不能主动捕食活物，可以填饲小白鼠的肉块和内脏等，平均每 10 天每条蛇填饲 5 克，仔蛇在孵出后第 10 天开始第 1 次蜕皮，以后每年蜕皮 2～3 次，在饲喂过程中要加强管理。

五、蝮蛇外部形态、生活习性与养殖

蝮蛇，别名土公蛇、地扁蛇、草上飞、土里蛇。分类属于爬行纲、蝮蛇科。此蛇为一种剧毒蛇，毒性大，剖腹除内脏全体烘干可以入药，有祛风、镇静、解毒止痛、下乳等功效。主治风湿痹痛、麻风病、癫疾、瘰疬、神经衰弱、淋巴结结核等症。用蝮蛇做原料制药能医治多种疑难症。其蛇毒为混合毒和少量神经毒，是生产高效抗血栓药物的原料。近年来，用蝮蛇毒制成注射液，可抑制小白鼠的肉瘤生长。因其捕食鼠类，所以，在灭鼠方面起了一定作用。

● （一）蝮蛇的外部形态与生活习性 ●

蝮蛇体形中等偏小，一般较粗短，体长 60～70 厘米，大者可达 94 厘米，头较大，略呈三角形，吻棱明显，吻钝圆，具管牙，头部两侧有颊窝，鼻间鳞宽，鼻孔位于两鼻鳞间，前颏鳞大，左右并立，后颏鳞小，左右分开，中间隔着 1 对小鳞。后颏鳞与第一腹鳞间有 5 对左右的小鳞片。颈部较细，背鳞起棱。体色与泥土相似，这是一种保护色。背部呈灰褐至深褐色，头背有一深色"∧"形斑。颞部有一黑纹，其上缘有一明显的白纹，上唇缘色浅；躯干背面斑纹变异很大，两侧各有一行深褐圆斑，有的左右交错排列，相连成铰链状斑或有深浅相间波状横斑，圆斑数有 28～35 个；或分散不规则的斑点，体侧有 1 列棕黑斑点。腹面颜色灰黑，散布许多不规则的黑白色斑点。腹鳞 138～168 片，肛鳞 1 片，尾下鳞 30～41 对。尾短，末端尖（图 21）。

蝮蛇栖息于平原、丘陵、低山区或田野乱石堆下及杂草丛中，夏秋两季分散活动，常见在稻田、菜园、路旁活动，常在晚上 8 时到次日凌晨活动，尤其在天气闷热的夜晚活动频繁。性懒可凶猛，行动迟缓，不主动伤人，食性较广，多以鼠、蛙、蜥蜴、蛇类及鸟类和昆虫等为食。蝮蛇的取食、

图21 蝮蛇

繁殖、活动等都受温度的制约，春暖之后出蛰。20~26℃为捕食高峰，30℃以上钻入蛇洞，一般不捕食。蝮蛇具有较强的耐寒性，低于10℃不出来捕食；5℃以下进入冬眠。长江中下游大雪至惊蛰为冬眠期。仔蛇2~3龄性成熟（寒冷地区3~4年性成熟），每年5~9月交配繁殖，卵袋留在输卵管内发育，卵胎生，翌年8~9月产仔蛇，每次产仔蛇2~15条，多达17条。蝮蛇在我国分布很广，除西藏、青海等地未见有报道以外，福建、台湾、贵州、四川、浙江、江西、安徽、江苏、湖南、湖北、甘肃、陕西、山西、山东、河北、宁夏、新疆、内蒙古、辽宁、吉林、黑龙江等地均有。我国大连近海的小龙山岛盛产。

● （二）蝮蛇的饲养与繁殖 ●

1. 蛇场养蝮蛇

（1）养蛇场的建造　普通成蛇密度不超过5条；怀卵期雌蛇不超过1条；育成期蝮蛇一般每平方米不超过10条。

蝮蛇的养蛇场应选择在远离居民、僻静、背风向阳、地势较高、有水流、交通方便的地方建造。蛇场面积视其饲养量而定，蛇场周围用砖石水泥砌成围墙，其高度以 2~2.5 米为宜，围墙内面用水泥抹面，墙角砌成弧形，墙上设有铁丝网，墙基要牢固，深度为 1~1.5 米，防止老鼠打洞引起蛇外逃和天敌入场侵害。蛇场内用砖石砌成，建蛇窝（房）用瓦缸作壁，窝顶堆上泥土，高 0.5 米左右，以防日晒雨淋，冬季也能保温。蛇窝底铺一层干沙以防潮湿和利于清扫蛇窝。蛇窝内放些砖块和瓦片供蛇藏身栖息。在蛇窝的南北两侧各开一小洞，小洞直径 4~5 厘米，以便于蛇出入蛇窝。蛇场内除设有蛇窝以外，还需建水池，面积约 4 平方米，池深 30 厘米左右，水池里保持有流水，供蛇饮用和洗浴。

围墙的出入门一定要设两层，内门开向蛇场，外门开向场外，出入应随时关好门，或在墙内外放临时木梯进出，这样比较安全。活动场内设放一些石堆，并栽种一些植物，以便于蛇活动、隐蔽、夏季遮阳和蜕皮。少量饲养可采用箱养和缸养等形式，但都要求做到安全、防逃、防害。饲养密度不宜过大，一般刚出生的仔蛇每平方米不超过 50 条，育成蛇不超过 10 条，怀卵期雌蛇不超过 1 条。如果饲养密度过大会有争食现象，而且影响其生长发育与繁殖。

（2）饲养管理　蝮蛇是肉食性动物，主要以小型动物为食，人工饲养时蛇类食物要多样化，可投喂鱼、蛙、鼠、虫、鸟及饲养的小动物和碎肉等，以使蛇能健康成长和繁殖。还可在饲养场内设置诱虫灯诱昆虫供蛇捕食。投食应定时定量，投喂的次数和数量应根据蛇在各个季节的食量大小而定，一般在冬眠后的 3~4 月期间，蛇活动较少、新陈代谢缓慢、食量不大，每周投喂 2 次。为使蛇迅速成长，应做到多喂、勤喂，经常在饲料池里养些小动物，保证蛇吃饱，同时要提供饮水，特别是炎夏酷暑，蛇活动频繁，饮水更多。

在管理上，蛇场要经常保持清洁卫生，蝮蛇冬眠之后体质虚弱，很易生病，蛇场要定期打扫。气候炎热时，残渣异物易腐烂发臭，应不断清除蛇吃剩的残渣、粪便、病蛇和死蛇。池内饮水要经常更换。蛇窝里铺垫的沙、泥要定期更换，并保持蛇窝通风，特别到了夏、秋两季，更要勤扫勤换，防止蛇感染生病。平时要注意检查蛇窝内外的温度和湿度，温、湿度过高或过低都不利于蛇的生长发育，甚至会使蛇死亡。因此，要根据季节、气候的变化采取相应的保温和降温的措施。要求蛇洞内温度保持在 15℃，最适宜的气温为 20 ～ 30℃，湿度在 50% 左右。温度高的季节要在蛇房墙外种上葡萄、瓜类等，以遮阴，并洒水防暑降温。遇到寒冷天气要在蛇窝底和顶上铺上干草、麻袋等物，以保温保暖。蛇入洞冬眠之前，必须增喂营养丰富的饲料，增加蛇体的营养储备，确保蛇安全越冬，同时需在蛇房周围再铺上干草、麻袋等物保暖。蛇冬眠期要经常检查越冬场所的温度，主要看蛇是否出现异常现象，发现问题及时处理，防止冻伤蛇类，冬眠之后体质虚弱易生病，发现病蛇应及时隔离治疗。

用箱、笼、地饲养，应在箱、笼、地面盛放一盘清水，以利毒蛇饮水，并提供少量活的泥鳅、黄鳝、鼠、蛙等动物供蛇捕食。对于不同种类和大小的蛇，应该分类关养，以免互相吞食或咬伤。夏季炎热要注意遮阴，严寒季节要注意保暖，温度过低时，除加盖稻草和尼龙薄膜外，还可在箱内加挂 1 只 250 瓦红外线灯泡或黑色灯泡，用继电器将温度控制在 10~14℃ 之间，冬季保暖不能用火烘烤。

2. 蝮蛇的放养

（1）拟态蛇园全散养型 人工养蛇将野外捕种蛇放到模拟蛇的自然生态环境建造的蛇园中放养，使蛇在园中在自然状态下自由活动、觅食、繁殖，栖息和冬眠，有利于蛇的生长发育和繁殖。拟态蛇园从产品开发角度看也是一个独立性体系的"生态工厂"，一个以蛇为优势种的半人工、半自然的生态系统，使野生蛇能很快适应其生活条件，充分发挥蛇园的生产潜力，适于集约化工厂化养殖。

拟态蛇园应根据蛇的生活习性和养蛇规模而建造。园地应选在背风向阳，有林、有水、僻静的丘陵或石岗处。蛇园面积大小，视其养殖规模而定。蛇园的围墙用砖和水泥砌成，要求坚固严实，墙高 2 米以上，内壁用水泥抹光，墙角呈圆弧形，墙基用水泥灌成，深度为 1~1.5 米，在出入水孔处装上金属筛网。蛇园内在地势较高处，坐北朝南建造多个圆拱形的蛇房（蛇窝）；也可建成半地下窑洞式的蛇窝。每间长约 2 米、宽 1 米、高 1.2 米，蛇房内用石板（木板也可）叠架，留有空隙，供蛇隐身栖息与藏身。蛇房设有孔，直接与蛇园相通，在蛇房其余三面堆土。蛇园绝大部分面积是蛇的活动区，在此区域内应种植花草和灌木，并用石块叠建有多洞穴的假山，供蛇在洞穴中隐蔽栖息和蜕皮，并用砖和水泥砌建一个水池，水深 30 厘米左右，以供蛇饮水与洗浴，还要有流水的水沟和饲养蛙、鳅等动物饲料的饲料池，供蛇自然觅食，使蛇园成为一个以养蛇为主的人工生态系统。为了方便饲养管理人员入园观察蛇的觅食活动情况与投食、清扫以及防止蛇外逃，应在蛇园东墙中部设有双重门，内门向内开，外门向外开，最后在东墙中部高出地面 0.7 米，内外均有台阶，离墙 0.6 米，可以防止开门时蛇外逃，并要注意防止蜈蚣（危害幼蛇）、猛禽和鼠类等天敌对蛇类的危害。

（2）家繁外养半散养型　拟态蛇园人造自然环境是仿造自然条件建造的养蛇场所，还不能从根本上使野生蛇种适应。在商品蛇生产上有的采取人工繁殖幼蛇，待幼蛇经过驯养生长到独立生活之后，再放到拟态蛇园的野外生活环境中去精养，任其自由采食。当生长发育成为商品蛇时，再捕捉采集、集中加工成为蛇产品。放养引种或捕捉野蛇作种蛇必须经过一段时间的驯养之后，选择雌雄蛇放养比例是 1:1 或 2:1。待交配季节过后再将雌、雄蛇分开饲养，防止雄蛇吃掉雌蛇、传播疾病和发生大蛇吃小蛇现象。蛇园内不宜混养多种蛇类，以防互相咬食。这种"家繁外养，养捕结合"的半散养型养种蛇的养殖方式，适于大规模精养健康无病、大小相近的同种蛇种。可以充分挖掘蛇园的生产潜力，获得更多的商品蛇，其经济效益超过全散养型，蛇园内要注意观察，有病蛇及时取出隔离治疗。病死蛇及时拣出蛇园，以免扩散传染疾病。此外，在日常管理中要人工消灭凶禽和老鼠，以防其对蛇造成危害。

3. 蝮蛇的繁殖

（1）选择种蛇　春季（3、4月份）为解除冬眠阶段，蛇的反应、行动都比较迟钝，易于捕捉。养蛇首先要获得健壮无病、没有伤残异相、毒牙完整的作种蛇。选作种蛇的要雌、雄蛇分开喂养。区别雌、雄蛇的方法：尾长而尖、身软且呈纺锤形的为雄蛇；尾短而稍粗的是雌蛇。一般雌、雄蛇交配繁殖的比例1：1或2：1。

（2）繁殖方法　蝮蛇一般生活2~3年性成熟，雄蝮蛇性成熟期比雌蝮蛇早，每年4~10月为繁殖期，雌雄蛇交配以后6~9月份雌蛇产仔蛇，产仔前雌蛇不食不动。蝮蛇的繁殖方式和大多数蛇类不同，为卵胎生殖。蝮蛇胚胎在雌蛇体内发育，每胎可产仔蛇2~7条，初生仔蛇长219~341毫米，平均为300毫米，体重6~18克，初生仔蛇包被在透明膜内，仔蛇破膜而出，爬行时脐带被擦落，生出的仔蛇就能独立生活。这种生殖方式胚胎能受母体保护，所以成活率高，对人工养殖有利。新生仔蛇当年脱皮1次或2次进入冬眠。

第二节　我国主要无毒经济蛇种外部形态、生活习性与养殖

一、乌梢蛇外部形态、生活习性与养殖

乌梢蛇又名乌凤蛇或乌蛇、黑凤蛇等。分类属于爬行纲、游蛇科的一种无毒蛇（图22）。此蛇肉性平、味甘、可食，将蛇剖腹去内脏，用柴火熏至表面略呈黑色为度，再晒干或烘干成为干品是传统中药材，有祛风、通络止痉的作用。主治风湿顽痹、麻木拘挛、中风口歪眼斜、半身不遂、抽搐痉挛、破伤风、麻风、疥癣、瘰疬、恶疮。蛇胆入药有消炎、止咳、明目、益肝的功能。蛇皮可制作工艺品。

图22　乌梢蛇

● （一）乌梢蛇外部形态与生活习性 ●

　　乌梢蛇体形较粗大，长可达2米左右，一般雌蛇较雄蛇短，头扁圆，眼大，口阔，无毒牙，鼻大呈椭圆形，位于两鼻鳞之间，前鳞略比后鳞大，颊鳞低矮。有1片较小的眼前睛鳞。眼后鳞2片，上唇片为3片、2片、3片，下唇片10片或11片。颏鳞2对，头颈部分界不明显。上唇及喉部呈淡黄色。成体背面呈棕黑色或绿褐色到黑褐色。乌梢蛇的背鳞为偶数行。前段背脊有2行鳞片呈黄色或黄褐色，其外侧的2行鳞片则呈黑褐色纵纹，体中部不显而趋于消失。背鳞前端16行，后端14行，仅背脊中央2～4行起棱。腹棱片有201片，腹面呈灰黑色，尾部渐细而长。肛鳞对裂，尾下鳞58对。幼蛇背面灰绿色，有4条黑线纵贯全身，腹面灰色。

　　乌梢蛇广泛生活于平原田野间、丘陵或1600米以下的低山灌丛，多白天活动，常见于田野、庭院、山边、河岸、树林下等附近。行动迅速敏捷，喜在水中游泳、捕食，稍有惊动便迅速逃逸。主要以蛙类和鱼为食，也捕食蚯蚓、蜥蜴、鳞翅目幼虫、金龟子和鼠类等。越冬前活动迟缓，在泥石堆中或树洞中冬眠。繁殖方式为卵生。每 6～7 月产卵，每次产卵 5～17 枚。幼蛇生长过程中，正常情况下每年蜕皮 3～4 次。秋末冬初进入土穴中冬眠，一般每年春末夏初出蛰活动，从 5 月开始转为活动盛期。该蛇为无毒蛇。我国主要分布于长江以南诸省，其他仅分布于江苏、安徽、河南、陕西、甘肃等地。

●（二）乌梢蛇的饲养与繁殖 ●

1. 养蛇场的建造

乌梢蛇的饲养场地应根据其喜温喜湿的生活习性，选择在坐北朝南、阴凉潮湿、靠近水源、排水方便、环境安静的地方建造。蛇场防逃围墙高约 3 米，墙基深 0.5～1 米，以防止蛇、老鼠打洞，墙面要用水泥抹面，光滑无缝，墙角呈弧形，场地面积根据饲养数量确定。蛇房门要严紧，设置双重门。场地内建有蛇窝、水池供栖息、产卵及越冬用，离蛇窝较远的一侧建 1 个水池，以供饮水、投食及夏天游泳。为了模拟蛇的野生生活环境，在蛇窝与水池之间需建造假山，栽种一些小灌木和花草，以调节蛇场内的温、湿度，也有利于蛇的隐蔽和遮阴。此外，还需建造一个幼蛇饲养池作为饲养幼蛇和越冬的场所。值得注意的是，兼养不同的蛇种必须在蛇场内砌成隔墙或用细目铁丝网隔开，防止不同蛇之间相互咬食。

2. 饲料与投饲

乌梢蛇属广食性蛇种，在野生自然环境条件下，以蛙类和鼠类为主要食物，有时吃一些蚯蚓、昆虫、鱼类、蜥蜴类和鸟类等。但它的食物种类和数量随着栖息环境和季节的不同而变化。人工饲养乌梢蛇投喂的食物，可根据当地不同季节的饲料资源捕获昆虫、鼠类等动物为饲料，还可人工饲养黄粉虫、蝇蛆、蚯蚓、泥鳅、黄鳝、蛙类和小白鼠活体小动物为饲料，也可利用屠宰场的畜禽下脚料，并添加少量微量元素、鱼肝油、B 族维生素、抗生素等后再投喂。

投喂幼蛇的饲料主要是黄粉虫、蝇蛆、蚯蚓等活体小动物，并配合喂些碎肉及畜禽下脚料等。随着蛇不断成长为成蛇，其食量逐渐加大，采食能力日益增强，可投喂一些较大的饲养的活体动物饲料，如蛙类、泥鳅、黄鳝、小白鼠等。一般 3～7 天投喂 1 次，但在幼蛇期和成蛇繁殖期、冬眠前 1～2 个月等重要生理阶段，每天需要喂 1 次，每次食量应根据蛇的年龄和个体大小、气候等因素的不同而异，一般以满足需要稍有剩余为度。

3. 饲养管理

（1）幼蛇的饲养管理：将初孵化出壳的蛇放到蛇箱里饲养管理，尤其是幼蛇蜕皮时不食不动、皮肤容易感染细菌，更应精心管理。乌梢蛇应按蛇体大小分池饲养，这样不仅便于管理，而且可以防止食物缺乏时大蛇吃小蛇。幼蛇的饲料主要为蚯蚓、黄粉虫、蝇蛆、蛋饼、碎肉等，投食的地点应固定。每天投喂 1 次。并要注意观察记录乌梢蛇的采食数量、排泄和活动情况，对采食能力差、食量小甚至不食的蛇要查明原因，对孵化出不久的幼蛇可以进行人工填喂。投喂食料后要供给清洁饮水。同时，要及时打扫蛇窝和活动场地，保持清洁卫生，定期更换池水。一旦发现病蛇要及时隔离治疗。

此外，暑天要做好防暑降温和防止烈日直射，冬季要做好防冻保暖工作。还要经常注意安全检查，防止蛇的外逃和天敌动物进入。

（2）成蛇的饲养管理：成蛇的饲料主要是蛙、黄鳝、小白鼠等。一般每隔 3~7 天投喂 1 次，每次喂食量要灵活掌握。如成蛇在交配期、怀孕期、产卵期前后，以及冬眠前 1~2 个月等期间食欲旺盛，饲喂次数和数量都应适当增加，只有供给一定数量富含营养的食物，才能满足蛇体的生理需要。在保证给乌梢蛇吃饱吃好的同时，还要经常供给清洁的饮水，如果长时间缺乏饮水，会使蛇体虚弱，甚至患病死亡。

蛇是变温动物，10 月下旬至 11 月初气温下降入蛰冬眠，需要在蛇窝上加厚土层或在窝内垫上短草以保持 5~10℃ 的温度，最好将大小相近数条蛇放到一起冬眠，可提高蛇体周围温度 1~2℃。温度较高时冬眠蛇会苏醒，增加能量消耗，蛇体失重较大；如果温度过低蛇会冻死。乌梢蛇在冬眠期间还应保持蛇窝 10% 左右的湿度。雨天要注意场内排水，防止蛇窝进水。如果蛇窝湿度大，可在蛇窝内添加干土；如蛇窝湿度过小，可向蛇窝中土壤洒水。乌梢蛇在饲养管理期间应维持环境安静，尽量减少不必要的捕捉，尤其在繁殖期应禁止惊扰。此外，要加强安全措施检查，注意防止被老鼠咬伤或蛇的其他天敌动物侵食。休眠状态的乌梢蛇发现外伤应及时用 2% 碘酊涂擦伤口。

4. 繁殖技术

（1）雌、雄蛇的鉴别与选种 乌梢蛇雌雄体相近，雄乌梢蛇的头部较大，腹鳞较小，尾下磷多，尤其是尾基部较雌蛇长，有一对"半阴茎"而稍微膨大。最准确的鉴别方法是将乌梢蛇后半部分的腹面向上，找出其肛孔后，用大拇指按压肛孔后面几厘米处，从后往前挤压，肛孔有一对"半阴茎"伸出。雌蛇的头部较雄蛇略小，腹鳞较多，尾下鳞较少，尾较雄蛇短，且尾部自肛孔以后突然变细，肛孔平凹，用上述同样方法用大拇指按压肛孔后面几厘米处，从后向前挤压没有一对"半阴茎"伸出。

选择蛇龄 3 岁以上，体重大于 400 克的体质强壮、无伤病、生长发育良好、活泼好动、爬行灵活、蜷缩能力强、动作迅猛有力、毒蛇具有完整的毒牙、繁殖能力强的优良种用蛇。配种的雌、雄蛇比例可按（5~8）：1。

（2）交配与产卵　应将非繁殖期性成熟的成年雌、雄蛇分开饲养，每年的 5~7 月份是乌梢蛇的繁殖期。种蛇选配时要尽量依据系谱资料，避免近亲交配，有利于提高繁殖仔蛇的成活率。蛇发情时，按比例将种用雄蛇放入种用雌蛇群中，让其自由交配。交配后应做记录建立繁殖档案，并再把雌、雄蛇分开饲养，防止雄蛇干扰孕蛇休息。雌、雄蛇交配后一般性情较为温驯。为了检查雌蛇是否怀卵，用一只手轻轻捏住其颈部，另一只手从雌蛇的腹部开始抚摸至肛孔，如已怀孕其腹部有凸凹感，如果凸凹处距肛孔越近，表明此蛇离卵产出日期越近。如发现凸凹处距肛孔仅有 2~3 厘米时，表明此蛇即将临产（一般 1 天内会产卵），应将临产的蛇关进蛇箱或产卵房中产卵。每次产卵 5~17 枚。雌蛇产卵没有固定位置，一旦发现蛇卵应及时收集孵化，防止蛇卵受到长时间的阳光暴晒和风吹雨打，使蛇卵受温度和湿度不均等因素的影响而降低蛇卵的孵化率。

（3）人工孵化　选择饱满、色泽一致、外形端正的种蛇受精卵放入人工孵卵容器内人工控制温度孵化。孵化器大多采用大口缸罐、桶或箱做容器。在容器底部垫上一层约 30 厘米厚的干净沙土（沙土比例为 3∶1），湿度以手能握成团、松开即散为宜，并将其压实，然后把蛇的受精卵横卧（不可直竖）排放在容器内的沙土上，在卵上加 10 厘米左右的沙土，高寒地区可在孵化器内盖上棉花保温，然后将孵化器放置室内并加盖，防止老鼠、蚂蚁和蚊虫等对蛇卵的侵害。并注意保持 28～30℃ 以上的有效孵化温度相对稳定，若低于20℃，会使孵化期延长甚至蛇卵难以孵出仔蛇；若温度偏高，虽提前孵出仔蛇，但畸形仔蛇和死亡率增加。并应经常喷水，使沙土保持绝对湿度在 15% 左右，每隔 7～10 天翻卵 1 次，照卵检查其胚胎发育情况，发现未受精卵或死胚卵应及时拣出剔除。

二、黑眉锦蛇外部形态、生活习性与养殖

黑眉锦蛇又名颌蛇、花广蛇，我国南方民间称为家蛇。分类属于爬行纲、游蛇科、锦蛇属，是一种常见的无毒蛇，黑眉锦蛇肉可食，据分析含有蛋白质 2%、脂肪18%，营养丰富，为食用蛇，又可入药。蛇蜕可作药用。皮可制乐器。

●（一）黑眉锦蛇外部形态与生活习性 ●

黑眉锦蛇体形较大，体长 1.5 米左右，头呈长椭圆形，

上唇和咽喉部呈黄色，眼后方各有一条明显的短纵黑纹，延至面颊部，状如黑眉，所以称之为黑眉锦蛇。吻鳞宽稍大于高，上唇鳞第4片、第5片（或第5片、第6片）入眼。眼前鳞2片，眼后鳞2片，前颞鳞2片，后颞鳞3片。上下唇鳞和前后颏片及腹鳞的前端20多片均呈黄色。体鳞在颈部25行，体中部23~25行，肛前19行。头颈区分明显。体背棕灰色或土灰色，与体侧都有黑色带状斑纹，体前部背正中具有横行黑色梯状斑纹。到体后段两侧有灰黑色纵走带纹，腹面黑白色，但前端、尾部及体侧为黄色，尾下鳞84~111对（图23）。

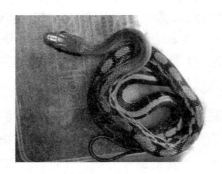

图23 黑眉锦蛇

黑眉锦蛇生活于300~3 000米的平原、丘陵及山区，常栖息于住家房屋内，善盘绕在屋梁房檐上，也活动于河边、农田及草丛等处。性凶猛，行动敏捷，受惊时它便竖起头颈部昂头张口，呈攻击状，主要以鼠类、鸟、蛇类、蛙为食，兼食一些昆虫，此蛇常进入人家追捕老鼠，或到村应附近捉麻雀等，所以又称为"家蛇"。繁殖方式为卵生，每年7~8月产卵，卵为长形，每次产卵2~12枚，常将卵产于石块泥土下或墙基河内。孵化期为 2~3 个月，幼蛇具卵齿。此蛇分布较广，在我国分布于云南、广西、福建、广东、贵州、海南、台湾、浙江、四川、江西、安徽、江苏、湖南、湖北、河南、甘肃、陕西、山西、河北、辽宁等地。

● （二）黑眉锦蛇的饲养与繁殖方法 ●

参见乌梢蛇的饲养与繁殖方法。

三、王锦蛇外部形态、生活习性与养殖

王锦蛇又名菜花蛇、棱锦蛇、王字头、松花蛇、臭黄蟒等。分类属于爬行纲、游蛇科的一种无毒蛇，此蛇肉质细嫩鲜美，营养丰富，可作食用和药用，蛇胆是制作"三蛇胆"的原料之一。此蛇的蛇皮大且厚实，可制作乐器工艺品。

● （一）王锦蛇外部形态与生活习性 ●

王锦蛇体长 2 米左右，体粗壮，背鳞具强棱，头部鳞呈黄色，四周黑色，头背鳞缘乃鳞沟黑色。从头部前看呈"王"字形的黑色斑纹。体背的鳞片为暗黄绿色黄底黑缘。蛇体前半部有明显的黄色横斜纹约 30 条，至后半部消失，只在鳞片中央有黄斑似油菜花瓣，故又有菜花蛇之称。腹面呈黄色，有黑色斑纹。肛腺发达，有奇臭。幼蛇背面呈灰橄榄色，鳞缘微黑，枕后有一短黑纵纹，腹面呈黄色，有黑色斑纹（图24）。刚出壳的幼蛇体长 25~35 厘米，个别 35~45 厘米，体色较浅。一般来说王锦蛇的幼蛇色斑与成体差别很大，幼蛇头部无"王"字形斑纹。

王锦蛇栖息于海拔 250~2 200米的山地或丘陵平原地带，

图24　王锦蛇

性活泼，行动敏捷，性情凶猛。喜食蛙、蜥蜴、鸟卵、鼠类及其他蛇类，甚至自生小蛇。繁殖方式卵生。产卵期为7月，每次产卵8~12枚。分布于我国长江流域以南，主要产于台湾、河南、陕西、甘肃、四川、贵州、云南等地。

● （二）王锦蛇的饲养与繁殖 ●

1. 蛇场蛇房的建造

人工饲养王锦蛇可采用室外饲养，室内饲养，室内外结合饲养和蛇箱、蛇笼饲养等几种形式，现将蛇场的建造方法介绍如下。

（1）室外蛇场　选择地势较高燥、有水源的地方建场，最好傍山而建，使蛇能在近似自然环境的场地自由活动。蛇场面积视养蛇多少而定，蛇场可以为圆形、正方形或四方形，用砖（或石块）、石灰、水泥砌2米高的砖墙，内侧抹成光面；并涂水泥刷成灰色，如蛇场围墙为正方形或长方形，四角应砌成弧形，切不可砌成直角；围墙底脚要挖到土面下1米深处；内充石块并灌注水泥沙浆，谨防蛇从围墙、墙角和墙底脚逃走。围墙可以不设门，借梯进出，设门最好设两层门，场内开内门，墙外开外门。蛇场内大部分面积为蛇的活动区，要模拟蛇的自然生活环境，建造假山（假山中建造一些洞穴），地面种植树草等植物，为蛇的隐蔽休息之场地。此外，在蛇场内还需建造水池和饲料池，水池水深 30 厘米左右，池里有流水供蛇饮用和洗浴。从水池再引水沟连接饲料池。饲料池中养殖黄鳝、泥鳅、蛙类、红点锦蛇（俗称水蛇）供蛇捕食。

（2）蛇房　蛇房建造于蛇场地势较高之处，坐北朝南，以利于夏季通风和冬季保温。根据地势建造成圆拱形、方窖或长沟形，蛇房墙高 2 米以上，内壁光滑，蛇房内设置一定数量的蛇窝，在蛇房一侧或两侧开若干直径 2 ~ 3 厘米的小孔通入蛇窝供蛇出入。

（3）蛇箱、蛇笼　具有占地少，又便于观察蛇的生活情况等优点，但不宜用于体形较大的王锦蛇饲养，因为面积少，蛇的活动范围受到限制，不利于蛇的生长发育、繁殖，也不适宜规模养殖。蛇箱和蛇笼多用于装运王锦蛇的工具。

2. 饲养管理

仔蛇出壳后 7 ~ 10 天即开始第 1 次蜕皮，一般不进食，特别是刚出壳后 3 天，主要靠卵黄自体营养，随日龄增长，卵黄吸收完后开食，但由于刚出壳的仔蛇主动进食能力差，必须人工诱导开食。对个别不能主动进食的仔蛇要单独喂养。仔蛇饲养可每隔 5 ~ 7 天灌喂 1 次鸡蛋液。仔蛇开食时，可在饲料蛋液中酌加一些捣成肉泥状的黄粉虫或投喂一些其他活体小昆虫，如蚂蚱、蝗虫、蟋蟀等，供幼蛇自行捕食。随仔蛇日龄增长，可以逐渐加大饵料的投喂量，以一日内吃完不剩为准。仔蛇在第 1 次主动开食后 5 天内不需投喂，应在 5 ~ 7 天以后开始投饵，以后每隔 7 天左右投饵 1 次，直到冬眠前对食欲不振的蛇可灌喂一些复合维生素 B，可以增加蛇的食欲，促进新陈代谢，有利于蛇健康成长。但幼蛇在蜕皮期间不需要投喂饵料。对于个别不能主动进食的幼蛇需要单独喂养，投放 2 ~ 3 个活体小动物诱幼蛇主动捕食。

刚出生的仔蛇饲养密度以每平方米饲养 100 条为宜。约 15 天以后应拣出仔蛇总数的 1/5，30 日龄以后再拣出 1/5。蛇是变温爬行动物，最适宜的环境温度为 23 ~ 28℃，对温度变化非常敏感，如环境温度低于 20℃ 或高于 35℃ 都不适宜蛇生活。蛇类一般喜欢湿润，幼蛇环境应保持相对湿度 30% ~ 50% 为宜。幼蛇长大到一定程度时就要蜕皮，才能使蛇生长。蛇蜕皮阶段，相对湿度应保持在 50% ~ 70% 为宜。蜕皮与湿度关系密切，所以在幼蛇蜕皮期间必须保证有充足的洁净水源。使幼蛇能蜕掉已角质化的皮肤，重新长出新皮肤来，换上新的完好的鳞片。蛇一般每年蜕皮 3 次，应注意对幼蛇的管理，保持蛇场的清洁卫生，经常清扫，清除食料残渣，经常更换水池中的饮水，夏季暴雨后应及时排出蛇场内积水。经常检查蛇的摄食、活动情况，发现行动困难者应及时隔离治疗或淘汰。此外，还应加强蛇场安全管理，经常检查出水孔和蛇场围墙，发现有破损要及时补修，防止蛇外逃和野鼠及天敌动物侵入蛇园造成危害。

3. 王锦蛇的繁殖

人工养蛇时，雄蛇与雌蛇应分开饲养，到繁殖交配季节时再把雄蛇放入雌蛇群中，1 条雄蛇一般可与 10 条雌蛇交配。
交配后又分开饲养。王锦蛇的繁殖方式为卵生，雌王锦蛇一
般在 6 月底至 7 月中旬为产卵高峰期，每次产卵 8～12 枚，
多达 20 枚，其卵呈长圆形，重 40～45 克。1 条雌蛇交配 1 次
后，精子在母蛇体内可以存活多年。蛇卵的孵化期为 40～45
天。王锦蛇受精卵人工孵化方法同其他蛇卵大多数采用缸孵
法或木桶在室内孵化。孵化的最佳温度为 20～30℃。孵化缸
内的孵化温度应控制在 20～27℃，相对湿度为 50%～80%，
在此温、湿度范围内孵化出的雌、雄幼蛇几乎各占一半；若
温度在 20～24℃，相对湿度在 90%，则孵出的几乎都是雄
蛇，故应控制孵化缸内适宜的温、湿度。每个孵化缸内都应
吊放一支温度表和湿度表。若湿度高时，可在卵上放些新鲜
树叶或鲜草，2 天更换 1 次。温度过低而湿度过高时，需及时
打开缸盖，悬吊一只 60～80℃的热水袋于卵上，切忌接触到
卵。刚出壳的仔蛇体长 25～35 厘米，体色较浅，头部前鳞片
无 "王" 字形斑纹。刚出壳仔蛇不需投饵，出壳 7 天后人工
诱导开食，同时要加强对仔蛇的护养。

四、蟒蛇外部形态、生活习性与养殖

蟒蛇又名蚺蛇、南蛇、琴蛇、金花大蟒、印度锦蛇、梅
龙蛇、黑尾蟒等。分类属于爬行纲、蟒蛇科是世界所产蛇类
品种中体形最大的一种无毒蛇。蟒蛇的肉、卵可食，肉、胆、
血及脂肪均可入药，蛇肉性温、味甘，具有祛风除湿的作用，
主治皮肤风毒、手足风痛等症。蛇胆味甘、苦，性寒，具有

明目去翳、除疳杀虫、消肿止痛的作用。脂肪甘凉，有清热润躁、消肿止痛的功效。皮剥下后可钉在木板上制工艺品及乐器，又可供展览、研究用，现列为国家一类保护动物。

● （一）蟒蛇的外部形态与生活习性 ●

　　蟒蛇大者全长 6 ~ 7 米，体重 13.5 千克，大的达 50 ~ 60 千克，头较小而狭长，头顶较平凹，吻钝而平，眼小，瞳孔竖立，上下颌全具齿。头部背面披以多数细鳞，眶前鳞 2 片，眶后鳞 3 ~ 4 片，上唇鳞 10 ~ 12 片，吻鳞及前 2 片上唇鳞有唇窝，前后若干下唇鳞有较浅的唇窝。背鳞小而平滑无棱，中段 65 ~ 72 行，腹鳞狭窄。尾短，尾下鳞 61 ~ 71 对。头部为黑色、黑褐色或淡褐色，背面为浅黄、灰褐或棕褐色，头部腹面为黄白色。体色黑，有云状斑纹，背面具有一条黄褐斑。体后端的斑块很不规则；体两侧各有一条黄色带状纹。躯干及尾的腹面颜色黄白杂有少数黑褐色斑或浅褐色斑。肛孔两侧各有一个小型爪状距，为退化的后肢残余（图 25），雄性更为明显。

　　蟒蛇生活在热带、亚热带森林中，喜在气温热的土山常绿阔叶林灌丛中，蟒蛇的生活条件要求气候温暖，怕冷，月平均气温低于 8℃ 的地区不能生存，温度持续在 6℃ 以下时即会死亡，15℃ 呈麻木状态，20℃ 时很少活动，25℃ 时活动一般，30℃ 以上时很活跃，当气温上升到 35℃ 以上时也不喜活动。在强烈的阳光下暴晒过久即死亡。我国南方地区每年 3 月中旬至 11 月中旬为活动季节，冬眠期约 4 个月。冬季一般不活动，气温 25℃ 以上仅中午之后短暂活动，春秋季节日出后活动，夜间少活动。热天高热过后多夜间活动觅食，昼间

图25 蟒蛇

也活动。热天午后常躲藏在阴凉处休息。雨天活动少，刮大风时则钻入洞中隐藏。善攀缘，亦可栖于水中。夜间活动捕食以鼠类、蛇类和蛙类为主，也食鸟类以及巨蜥、蛙、鱼、家禽、小型兽类等。捕食时以突然袭击式咬住猎物，并立即用身体将猎物缠绕窒息而死再吞食。

一般生长体重在7千克以上性已成熟。卵生，6月开始产卵，每年产卵1次，每次产卵8~32枚，雌蛇在产卵后有盘伏缠卵堆周围孵卵的习性，这时期不吃不喝，体内发热以加快卵的孵化。分布于我国的广西、广东、海南、云南、福建南部及贵州南部等地。

● （二） 蟒蛇的饲养与繁殖 ●

1. 养蛇场、笼舍的建造

蟒蛇饲养场周围应建起围墙，内墙用水泥抹面，要求光滑，墙角做成弧形，墙高1.8~2米，墙顶安装铁丝网。墙基用水泥沙子筑牢，深入地下0.5~1米，并设置进出水口，均应设置铁丝拦网。进出道应该设两道门，一道向外开，一道向里开，场内建造房舍高2米，坐北朝南，三面为砖墙，阳面可安装厚玻璃（厚5~10厘米、面积1米×2米）。内室中卧板的墙上开直径12厘米的洞孔与活动场相通。活动场面积以4米×7米为宜，运动场内设置水池，水池深30厘米左右。活动场地内需要种植些灌木供蟒遮阴隐蔽和栖息，堆放一些石块模拟自然环境，以供蟒蛇蜕皮时蹭皮用。

2. 饲养管理

从野外捕来或刚从外地引进的蟒蛇，由于环境改变不能很快适应，食欲不振，此时需要供给清水，避免惊扰，让它静养，给它一个熟悉新环境的适应过程。蟒蛇在活动期内，对体弱、消瘦的蛇在10~15天后进行人工填食，先将饲料肉剔去筋骨后加工成条状或块状，其肉块大小按蛇体大小而定。然后将肉块投入沸水锅里一滚后捞取放到25℃左右的温水盆内，即可施行填喂。在填喂前可将2~3个鸡蛋掺匀在肉块上，以利其润滑顺利吞咽。由于蟒蛇身大体重，填喂要由三人合作分工进行，一人用左手抓住蟒蛇的颈部，右手用25厘米长的镊夹，夹持肉填喂蟒口中；一人持腰，不使蛇身弯曲；另一人抓住肛门后尾部。填喂动作要缓慢进行，防止挫伤蛇的牙齿和口腔。强行填食会使蟒蛇受到很大刺激。食物填充完后先放头，再放腰部，为了促进进食和消化，避免后退把食物吐出，用手把蟒蛇食道内的肉块慢慢推进胃内，还可以用水冲其躯干，刺激它向前爬动，最后再放开尾部。进食后让它盘卧在温度较高的地方休息消化食物。经填喂2次或3

次，大多数体质强壮的蟒蛇即能自己猎捕，主动咬住小动物直接吞食。笼舍内要不间断地供给活禽和鼠等活体动物食料，蟒蛇捕到大的动物先用蛇体前半部把动物缠绕上几圈，使其窒息而死并挤压变得细长后再慢慢吞下。在体重20千克左右的蟒蛇每周投喂活鸡2只或3只或投喂相当的鼠。对体弱主动捕食猎物能力差的成年蟒，体重在20~25千克，需填喂1~1.5千克瘦肉块，待体质恢复后也能主动猎捕活食。

蟒蛇是变温动物，在蟒蛇的日常管理喂养时必须注意温度和湿度的调节，其生活最适宜温度为20~30℃，湿度在50%~70%之间生长速度较快，反之则慢。温度过高不能正常蜕皮，会引起口腔炎和囊肿等病。因此，夏季高温季节要有遮阴设施，避免或减少日光直射，如笼舍内要求有良好通风条件，水池内保持有充足的、清洁的饮水和洗澡用水。秋季气温逐渐下降，此期中午热，早晚较凉，蟒蛇白天天气热时在活动场活动猎捕活食，晚间应放回笼舍，以免白天和夜晚温差相差过大而影响正常活动。冬季气温低，应将蟒蛇放回笼舍冬眠，做好笼舍的保温工作。舍温保持在23~26℃，相对湿度70%~80%为宜。为了保暖，可暂用棉被覆盖蛇体，但不能盖住头，以免蛇不能呼吸而窒息死亡。此外，要保持蛇活动场和舍笼的清洁卫生；并经常检查有无蛔虫等寄生虫。如蟒蛇鳞片的缝隙中有扁虱寄生危害，可造成不成片的蜕皮现象，严重寄生时会使蟒蛇不爱活动，无精神，甚至有吐食表现。为了防止杀虫药物对蟒蛇刺激产生过敏反应，可用人工摘除灭虱，然后涂抹植物油以防扩大传播。

3. 蟒蛇的繁殖

（1）雌、雄蛇的鉴别 蟒蛇的雌、雄区别在于雄蟒蛇的尾巴自前向后渐细，在靠近肛门的那段尾巴较为膨大，在肛门两侧有明显的爪状后肢残余痕迹，用手指按压和由后向前平推肛门后数厘米处，泄殖腔内会伸出两条有肉质倒刺的交接器；而雌蟒蛇的肛门后尾部突然变细，尾部肛门后膨大不明显，肛门两侧无爪状后肢残余痕迹，或不明显。按上述方法按压和向前平推肛门后数厘米处，泄殖腔内无交接器伸出。

（2）交配与产卵 每年 5～7 月份是蟒蛇交配繁殖期。交配前雌蟒蛇的皮肤和尾基部的腺体分泌出一种特有的强烈气味，雄蟒跟踪气味找到雌蟒进行交配活动，两蟒交配时在一起经过反复绞缠后雌蟒伏起不动，尾部腹面略微向雄蟒倾斜，雄蟒伸出一侧交接器插入雌蟒泄殖腔中行体内授精，一条雄蟒可与多条雌蟒交配。交配后雌蟒 6 月份开始产卵，其卵有鸭蛋大小，呈白色、长椭圆形，每枚蛇卵平均重量 80 克左右。产卵最高可达数百枚。

（3）人工孵化 雌蟒产卵后孵化时盘伏在卵堆上，靠节律性收缩肌肉使体内发热，从而使孵化温度比周围温度增高 4～6℃。雌蟒在孵化期间食欲很差，孵化时间长短与外界气温有关，一般从蛇卵开始孵化到仔蛇出壳为 60 天左右。孵化出壳的仔蛇即可活动，需要立即将仔蛇与母蟒分开饲养，以免仔蛇被母蟒吃掉。仔蛇经过几次蜕皮后开始摄取食料。仔蛇起初摄食一些较小的动物，如小蝌蚪、刚变态的小蛙、刚产出的乳鼠或幼鸟等。待仔蛇进食状况较好后，为了促其生长发育，供给它们大小相当的活动物饲料，仔蛇可用活死动物食料搭配饲喂外，还应补充食物，如小块的瘦肉，最好在肉块内包上钙片及维生素 AD 丸等，以利于仔蛇的生长发育。对取食能力较差的仔蛇，可采用人工填喂食料，方法是用左手按住仔蟒的口使其略微张开后，右手用钝头镊子夹住肉块送入仔蟒口中，并徐徐推入，然后用手由颈至腹部将填食推入口下 10 厘米处即可。在正常饲养条件下，仔蟒1～1.5 月龄时即能自己捕食较大的活体动物食料。

第十章　蛇的病害防治

第一节　蛇病预防

　　蛇类在饲养过程中，由于诸多原因，如蛇场管理工作不善、环境卫生不良、饲料搭配和喂养不合理、饲料和饮水不洁或饲养密度过大、蛇窝范围小、通风不良、饲养条件差、冬眠时窝内湿度较大、空气不流通等原因，尤其是各种蛇大都经过 4 个月左右的冬眠，体内蓄积的营养已耗去了很多，春季的体质极虚弱，对疾病的抵抗力很差，加上春雨连绵，自然界致病微生物包括真菌、细菌、霉菌以及各种寄生虫都会使蛇类感染疾病。所以，人工养殖蛇类要定期对蛇进行健康检查和用适量的抗生素药物填喂蛇来增加蛇的抗病能力。消化道寄生虫，可用驱虫药驱除。如发现病蛇要及时隔离治疗，以免染及群蛇，并要定期使用来苏儿、新洁尔灭或生石灰等消毒剂对蛇场进行消毒处理，一般每月进行 1 次即可。

　　预防蛇病、减少蛇病的发生率与死亡率是人工养蛇的重要工作。蛇病预防主要采取以下措施。

　　一、养蛇场要经常打扫，并用漂白粉、生石灰或新洁尔灭定期消毒，搞好卫生，定期更换蛇窝里铺垫的干草和沙土，保持干燥，及时清除蛇粪、残食和死蛇，使蛇能生活在卫生、安静的环境中。

二、定期投放多样而充足的饵料，确保蛇能吃饱、吃好，并供给清洁的饮水，禁喂腐烂的饵料。特别在炎热的夏季，蛇场内水池中的水更要经常更换。

三、炎热的夏季，蛇窝内闷热，需要通风，保持凉爽，可打开蛇窝通道门，使蛇窝保持通风和阴凉。天气寒冷时，应做好防风和保暖工作。

四、刚引进的或刚从野外捕捉回来饲养的蛇进场前应单独隔离喂养，观察检疫。确认无病才能与其他蛇一起放入蛇场饲养。若发现病蛇，应立即隔离观察治疗，等治好后才能放进蛇场中与其他蛇一起饲养，避免将疾病传染给其他蛇。

第二节　蛇病外观检查法

蛇体疾病的检查方法主要是对蛇体进行外观检查。以下为其检查项目。

一、头部观察法

要求仔细检查蛇的头部、鼻孔外侧、嘴部及眼部周围的皮肤有无霉烂或损伤，并用长约 12 厘米的棉棒缓慢插入蛇的口腔里，经轻轻搅动后观察其口腔黏膜。若发现黏膜呈点状出血或局部坏死，可视为口腔内膜炎；口腔黏膜较多者，结合听诊，咽喉部有明显异常的杂音，可诊断为呼吸道疾病。

二、体外观察法

用拇指从蛇头部以下开始沿腹部向下缓慢深压，查看和感知蛇胃壁的异常增厚情况（蟒不麻醉难以触诊）。发现蛇体鳞片干枯松散，失去光泽，可能感染疾病。

三、寄生虫观察法

体内寄生的原虫类可从潮湿粪便、结肠内容物中发现。体外寄生的蜱虱类可以从排泄腔检查出来。

四、粪尿观察法

蛇的粪便一般贮存于蛇尾的 1/3 处，检查蛇的粪尿时可用手缓慢挤压该部位即能取得少量粪样品，通过观察粪便可以检查蛇是否患有消化道疾病。还可将其粪便进行离心处理，获得滤液并将其放入高渗（硫酸锌）溶液中做镜检，查出线虫和绦虫的卵。

五、行动观察法

一旦发现蛇的活动有异常或爬行困难，喜欢孤独，不愿归洞等现象，表明该蛇可能已患有疾病。

第三节　蛇病投药方法

病蛇一般不主动采食，治疗药物需要人工喂服，蛇虽患病，但毒腺内仍充满毒液，为安全起见，应戴猪皮手套，谨慎操作。具体操作方法是：首先对器具进行消毒灭菌。将注射器、薄竹片放在100℃水中浸10分钟后取出晾干，视蛇体大小，用注射器吸取适量的药液。灌药时一人右手握住蛇颈，左手抓住蛇下半身，将蛇向上提起并稍拉直，以利药液下流；另一人左手拿薄竹片拨开蛇口，右手持注射器，将药液从口腔注入。将喂过药的病蛇放入蛇箱隔离观察，箱内置水盆。喂药后4小时之内未吐出，说明喂药成功；若4小时之内吐出药液，则应补灌1次，此时药液的注入量应减半，减半后一般不会再吐。治疗时针对蛇体状况，同时补充营养。

第四节　常见蛇病的防治

蛇类人工饲养过程中，常见蛇病主要有传染性病原微生物，如细菌和真菌引起的霉斑病、口腔炎、急性肺炎等，体内寄生虫（线虫、绦虫、蛔虫、鞭节舌虫等）和体外寄生虫引起的疾病。非传染性疾病如消化不良、厌食、食物中毒等。

一、霉斑病

此病由真菌引起，主要是由于蛇窝内地面及四壁过于潮湿或不卫生引起，尤其在梅雨季节真菌易于繁殖，因而蛇体常感染致病真菌，人工饲养的蛇特别是蝮蛇、尖吻蝮等小型蛇种，尤为多见。

● （一）　症状 ●

蛇体腹部鳞片上生长有块状或点状的黑色霉斑，失去光泽，严重时可以造成片状腹鳞脱落，腹肌外露，有的甚至向背部延伸发展，如不及时治疗可蔓延到全身，最后引起全身霉烂，数天内死亡。

● （二）　防治方法 ●

预防本病关键是保持蛇窝干爽，做好清洁卫生和蛇窝的通风。梅雨季节高湿期可用石灰清扫、吸湿或将石灰用纸包好放入蛇窝的一边，并定期更换。隔离治疗，治疗：将患蛇单独饲养，用2%碘酊（碘酒）涂患处，每日1次或2次，连用7～10天可治愈。

二、口腔炎

蛇口腔炎是由化脓性细菌引起的一种蛇类多发病，常见于尖吻蝮、银环蛇、眼镜蛇等，多因捕捉不当或挤蛇毒时损伤其口腔而引起发炎。蛇在冬眠后体质虚弱、蛇窝潮湿或环境不卫生时更易发病。越冬以后，天气变暖时，口腔炎多见。

● （一）　症状 ●

病蛇颊部和两颌肿胀，有时口腔黏膜由白变黄，并有红肿或点状出血，黏膜分泌物过多，甚至口腔黏膜腐败，不能进食，严重时口腔有脓样分泌物，头部昂起，口微张而不能闭合，因此难以进食。如不及时防治会迅速感染蛇群。

（二）防治方法

预防蛇的口腔炎可在蛇冬眠苏醒后，移蛇于日光下接受阳光照射，梅雨季节若蛇窝潮湿，应暴晒消毒，保持通风，并彻底打扫蛇窝卫生。人工取毒时捉蛇头部挤压毒腺时手法不要太重。发现病蛇应及时将病蛇隔离。治疗：用消毒药棉（脱脂棉）缠于竹签头上，先蘸 40～50℃ 温水清洗，然后再拭净其口腔内脓性分泌物，再用雷佛奴耳溶液冲洗其口腔进行消毒，然后用龙胆紫药水涂 1 次或 2 次或冰硼散（煅硼砂 30 克，冰片 3 克）敷患部 1 次或 2 次。口腔黏液过多时，可用阿托品清洗，每天 1 次或 2 次。

三、急性肺炎

蛇急性肺炎是由肺炎双球菌引起的一种传染病。此病发生原因主要是蛇在冬眠期中窝内温度变化幅度大，盛暑天气炎热，窝内温度高、过于闷热或气温突降都易引发此病。此病早期可由感冒引起，传染性较强。雌蛇产卵（仔）后身体虚弱、卫生条件差时，此病发病率高，全窝蛇群 2～3 天内可发生大批死亡。

（一）症状

病蛇呼吸困难，常张口呼吸不闭并逗留窝外盘游不定，不思饮食，不思归洞。严重时肺泡发炎出现水肿，能使蛇类突然死亡。

● （二）防治方法 ●

　　加强管理，蛇窝通风防潮，保持清爽。入冬天气严寒时，应加强挡风保暖工作。发现病蛇及时隔离治疗。治疗：可用50万单位的链霉素，分8份。包于食物内（如青蛙皮内）填喂病蛇口中，再用清洁饮水冲服，每天2次，连服3~4天；或将药粉溶后用钝头空心管子灌入。也可肌内注射针剂如青霉素，每次肌内注射10万单位，注于其背部肌肉中，每日2次。皮下注射可取与蛇体略平行的角度，从鳞片之间略斜着注于蛇的皮下部位。

四、厌食

　　蛇由于处于蜕皮期或繁殖期和秋冬气温下降到10℃以下等原因引起的自然绝食是正常现象。厌食绝大多数是因捕蛇种时引起外伤或内伤，运输时间过长或不适应蛇场新环境，或因饵料品种变更太快，投喂食物种类不适口，投喂方法不当，环境温度过低或盛暑蛇窝拥挤闷热未能及时降温，或蛇体外感染蜱虱等寄生虫等因素引起的。

● （一）症状 ●

　　食欲不振，往往很少进食，甚至不进食，蛇体日渐消瘦，尾部可见明显皱瘪，最终导致死亡。如染有寄生虫，解剖蛇体可见一些寄生虫。

● （二）防治方法 ●

　　蛇场应通风、干燥、清洁卫生，喂的食物应新鲜，食物种类应多样化，饲养密度应合理，注意驱除寄生虫。发现蛇病须检查环境温度是否适宜，笼舍装置是否符合其生活习性，吞咽是否正常，并查清非蜕皮、繁殖期的其他原因引起的食欲不振，以便消除致病因素，同时尽早灌服复合维生素 B 液、低浓度的葡萄糖液等，每次成蛇灌服 5～10 毫升。

五、肠炎

蛇肠炎是由蛇肠道内的细菌大量滋生导致消化不良而引起的蛇肠道性疾病。

● （一） 症状 ●

蛇患肠炎后表现神态呆滞、不爱活动、少食或不食，排出绿黄色的稀粪，蛇体逐渐消瘦，可见蛇体干瘪的皱褶，尾部消瘦尤为明显。发病严重时可以导致病蛇死亡。

● （二） 防治方法 ●

1. 预防

搞好蛇场、饵料和饮水的卫生，保持蛇窝的干燥通风，蛇在人场饲养前进行药浴。

2. 治疗

发现病蛇暂停投喂食物，治疗可口服吡哌酸 0.1 克，每天 3 次连服 3 天，或灌服复合维生素 B 液治疗。每天 5～10 毫升，直至治愈为止。

六、体内寄生虫病

● （一）线虫病 ●

寄生于蛇体内的线虫分类属于线形动物门，其种类较多，主要有棒线虫、蛇圆线虫、蝮蛇泡翼线虫和小头蛇似丽尾线虫等。

1. 棒线虫

体呈线状，虫长5~8毫米，多寄生于尖吻蝮等蛇的肺泡内，一般感染较重，大多数寄生繁殖，最后能使肺部腐烂。治疗用左旋咪唑灌喂，每次2片，或按蛇体重每1 000克灌喂四咪唑（驱虫净）0.1~0.2毫克。

2. 蛇圆线虫

体长3~5厘米，多寄生于尖吻蝮等蛇消化器官的浆膜组织内，肝脏中尤为多见，寄生处形成约黄豆粒大小的结节，每结节内有一至数条。当结节多时，病变严重可使寄主死亡。治疗方法同棒线虫。

3. 蝮蛇泡翼线虫

小头蛇似丽尾线虫：这两种寄生虫分别寄生于尖吻蝮、小头蛇的肠中。前者多约3厘米，后者不足6毫米，均雌大雄小。治疗：按蛇体重每1 000克灌服四咪唑（驱虫净）0.1~0.2毫克，也可灌服或注射左旋咪唑。

● （二）鞭节舌虫 ●

又叫乳头虫。分类属于节肢动物，雌、雄异体，雌虫长约5厘米，雄虫体重小，约2厘米左右，在大的尖吻蝮体内有较多发现。由于蛇吃了寄生有此虫幼虫的蛙、鸟、鼠后，幼虫转移蛇体内肺部和气管上长成成虫寄生。

1. 症状

病蛇常伸直身体逗留窝外，蛇体消瘦异常，且皮肤多有皱褶，有的虫还会经过喉头爬到口腔，堵塞蛇的内鼻孔。蛇常张口呼吸，感染较重时可引起呼吸困难，甚至窒息死亡。有的感染上其他疾病而导致死亡。

2. 防治方法

用精制敌百虫溶液灌入胃内，每次要随用随配，用药量按蛇每千克体重灌药 0.01 克，连灌喂 3 天，或灌喂灭虫宁，每次1~2 克，每天灌服 1 次。精制敌百虫溶液配料：将固体敌百虫研碎后放入耐热的玻璃容器中，加入适量的水后，置水浴中慢慢加热，并不断用玻璃棒搅动，待其全部溶解后，加足量的水搅匀即可。

● （三） 蛇蛔虫 ●

蛔虫分类属于线形动物门、线虫纲、蛔虫科。多寄生于蟒蛇、滑鼠蛇、灰鼠蛇等较大型无毒蛇体内的消化道肠胃内，寄生多时堵塞于寄生部位。

1. 症状

被寄生的蛇表现食欲不振，体质渐衰，死前经常表现摇头，甚至用头撞墙，有时还会喷出黏液。

2. 防治

用精制敌百虫，按蛇体重1/1 000灌胃，或用驱蛔灵，每次半片用水送服，连服 3 天。

● （四） 蛇绦虫 ●

绦虫分类属于扁形动物门、绦虫纲。在蛇体内寄生的是绦虫的幼虫——裂头蚴，具有头节，体有横皱纹，体长短不一，长的 20 厘米，短的不到 1 厘米。寄生在蛇体的皮下、腹腔、肌肉等处。病蛇蛇肉未烧熟被人吃后，绦虫能感染给人体，并发育为成虫。成虫全身呈带状，由许多节片组成，头上有槽、吸盘和钩，寄生在猫、犬、狐、豹、虎等小肠壁上。

1. 症状

幼虫寄生在蛇体，可见寄生的结节，一般对蛇类的健康危害不大，症状不明显。寄生于蛇的皮下者，体表粗糙，鳞片翘起，有小疙瘩。

2. 防治

可用刀剖开取出裂头蚴，然后在伤口涂以 1% ~ 2% 碘酊（碘酒）。绦虫严重寄生时，可用硫双三氯粉，每千克体重 2 克；或氯硝柳胺，每千克体重 0.05 克治疗。

七、体外寄生虫

蛇体外寄生虫主要是蜱螨（螨大蜱小），属于节肢动物门、蛛形纲。在蛇皮寄生的以蜱多见，吸寄主血，不仅严重影响蛇体健康，而且能传播疾病。

● （一） 症状 ●

蛇体消瘦无神，食欲正常但不增膘，被寄生部位鳞片翘起，寄生严重的部分可见蜱露出鳞外。

●（二）防治●

预防蛇类体外寄生虫，除加强管理，不让蛇接触不洁的食物和水源以外，每年初夏和初秋应进行两次驱虫，发现蛇有体外寄生虫寄生时，将被寄生的病蛇放到0.1%的敌百虫溶液中浸泡3～4分钟后取出（切勿使蛇头浸入水中，防止饮吸药水致死），寄生虫即可死亡并脱落。若寄生蜱不严重，可用手拔除，为了防止细菌感染伤口，可涂1%～2%碘酊或龙胆紫药水。

第五节　蛇类敌害的防治

在自然界中，各种动物都是相互制约、相互依存的。虽然蛇类特别是毒蛇凶猛可怕，但在自然界中还有很多动物以蛇为食，成了蛇类的"克星"。如大型猛禽如鹰、隼、雕等都是以蛇为食，它们捕食蛇主要靠它们那敏锐的眼睛，可以从天空中发现地上或树上的活动目标，然后迅猛飞扑下来，用其锐利的爪将蛇抓住飞起到一定高度后，再把蛇从空中摔下来，使蛇昏死后再将其吞食掉。红嘴蓝鹊又称长尾蓝鹊，敢与蛇搏斗，它一旦发现蛇就通过鸣叫声，召集同伴来齐心合力地攻击蛇。刺猬、黄鼬（黄鼠狼）和獴等小兽，也都是蛇类的天敌。它们都有一套捕食蛇类的技巧。尤其是獴虽然体小但很灵活，当它遇到蛇类时，全身的长毛便耸立起来，身体骤然增大一倍，并在蛇的周围打转，寻找机会猛扑向蛇头部，准确地咬住毒蛇的头颈部，使蛇无法反抗，把蛇咬死后慢慢吞食全身。当刺猬碰到毒蛇向它进攻时，马上把头一缩，竖起棘刺，使蛇无处下口，在蛇退回去的一刹那，刺猬不失时机地伸出头对蛇猛咬一口，当蛇又怒气冲冲地扑上来时会被刺伤，使毒蛇遍体鳞伤，最终成了刺猬的食物。黄鼬（黄鼠狼）遇到毒蛇后放出化学气体熏蛇，小心地与蛇周旋，并不断向蛇发起攻势，出其不意地迅速而准确地咬住毒蛇的头部，最后把蛇咬死吃掉。此外，野猪发现尖吻蝮就穷追猛捕，即使尖吻蝮钻进洞穴里，它也能用吻部挖掘洞穴取食。野猪吻部即使被尖吻蝮咬伤，也无生命危险。有人认为野猪对尖吻蝮蛇毒有特异的耐受能力，是否与野猪皮厚，毒牙咬不进去，或是皮下有一层脂肪层阻碍蛇毒的吸收等因素有关，尚待研究。其他哺乳动物如狐、狸、獾、臭鼬等偶尔也吃蛇。蛇类在自然界中的天敌动物很多，还有一些蛇本身有互相残害、彼此吞食的习性。如眼镜王蛇、眼镜蛇、金环蛇、银环蛇等和无毒蛇中的王锦蛇、蟒蛇、赤链蛇等均能以蛇为食；在肉食性蛇类中，大蛇吃小蛇的现象屡见不鲜。因此，要切实做好蛇类资源的保护工作。人工养殖蛇类时，应加强管理，防止天敌动物对蛇类造成干扰与侵害，一旦发现应及时予以驱除。同时，对于不同种类的蛇和大小悬殊的蛇应分开饲养，以避免发生弱肉强食和大蛇吃小蛇的现象，这样养蛇才能防止天敌危害，保证蛇类安全，避免造成不应有的经济损失。

第十一章 蛇产品加工技术

第一节 蛇 馔

蛇是我国重要的经济动物资源，它的全身都有实用价值。人工养蛇业的发展必须面向市场，充分利用蛇类资源，普及推广蛇产品加工实用技术和应用方法，提高经济效益。

蛇肉

蛇肉的应用可分为食用和药用。蛇的肉味鲜美而且有滋补强壮之功能。据测定，蛇肉营养丰富，含有蛋白质、脂肪、糖类、钙、磷、铁、维生素 A、维生素 B_1 和维生素 B_2 等，蛇肉的蛋白质含量高，含有 20 多种氨基酸，如乌梢蛇肉含蛋白质 22.1%，与瘦牛肉相近，其中含有 8 种人体必需的氨基酸，即丙氨酸、色氨酸、蛋氨酸、赖氨酸、苏氨酸、缬氨酸、亮氨酸和异亮氨酸。黑眉锦蛇肉含蛋白质 20.2%，高于瘦猪肉和鸭肉。其脂肪中不饱和脂肪酸占 2/3。用蛇肉作为菜肴至少有 2000 年的历史，如唐代的《酉阳杂俎》等书中都提到广东人用蛇肉做菜，至今被人食用的蛇约有 20 种。我国广东、海南、广西等南方省、自治区及香港、澳门特别行政区是我国最大蛇肉消费市场。当地习惯喜欢秋后吃蛇肉，民间有"秋风起，三蛇肥"的说法。在宴席上，用蛇肉配以鸡丝、猫肉烩成"龙虎凤大会"，是驰名中外的美味佳肴，在宴席上，蛇馔可与鱼翅、燕窝媲美。近年来，吃蛇肉已成为我国东南等地区餐桌上的上等佳肴。据医学资料记载：蛇肉性有温、平、寒三种，大多数蛇属于温性，如果在炎夏季节吃属温性的蛇肉，会"上火"，常出现牙痛、流鼻血、生热斑等症状；患有高血压等疾病的人如经常吃蛇肉会使病情加重，因而吃属寒性蛇（如我国南方的水蛇肉）或属平性蛇（如无毒的肉蛇肉）为宜。因此，应根据季节变化选食相应的蛇肉。此外，我国每年还出口大量食用活蛇和产品，如蛇肉罐头，以满足国际市场的需求。

●（一）杀蛇、剥皮和剔骨方法 ●

1. 杀蛇和剥皮

加工前要将蛇处死，处死蛇的方法很多，常用酒灌入蛇口中将其醉死或用棍棒打死或把活蛇从笼中取出后摔至昏死，用尖利小刀在蛇腹正中做一直线剖开，蛇颈处划一环形，并用刀剁去蛇头，但剁去蛇头不好剥皮。剥皮时一只手抓住蛇颈，另一只手抓住蛇皮，顺势往尾部方向撕剥下完整的蛇皮（金环蛇要自尾往头方向剥皮，否则难脱）。

2. 剔骨

剔骨分生拆和熟拆两种方法。较大而肥的蛇类如灰鼠蛇、滑鼠蛇、三索锦蛇等适用于生拆法。方法是将剥皮除去内脏的蛇，用绳系好蛇头，悬挂起来，然后用手掌执蛇尾，用利刀从蛇的肛门处插入，向上剖开其腹部至颈部，再将刀在其肛门两侧紧靠脊柱处，连同肋骨和肉在左右各割一条长约3

厘米的刀口，然后用两手分别紧握已被割开的两段连肋骨的肉，自尾向头部方向撕成两条，再分离肋骨两侧 1 层肉，即可得到 1 条蛇的净肉。对于瘦小型蛇类宜用熟拆法剔骨。方法是将蛇去头、皮和内脏后放入水中煮 20 分钟左右，然后从头至尾轻轻地拆，取出逐条拆骨（不宜用力过大，防止折断骨头，若有断骨，应从蛇肉中找出去除）。操作必须趁热进行，否则蛇肉冷后难以撕下，拆得的蛇肉如不立即烹食，应放置冰箱内贮藏，防止腐败变坏。

3. 蛇肉去除腥味

蛇肉加入少许食用甘蔗或鲜芦根同煮，煮好后弃去甘蔗或鲜芦根，可去除蛇肉腥味。

● （二）蛇馔烹饪方法 ●

在我国以蛇肉烹制成菜肴已经有 2 000 多年历史。体型较大的蛇一般均可食用。我国南方民间食用的蛇大约有 24 种，其中毒蛇有金环蛇、银环蛇、眼镜蛇、眼镜王蛇、尖吻蝮、蝮蛇和海蛇。毒蛇的毒腺在蛇的头部，食用时需要将头部去掉。食用无毒的蛇肉菜肴，其滋味比无毒蛇的蛇肉更有鲜味。无毒蛇中的乌梢蛇、黑眉锦蛇、王锦蛇、三索锦蛇、百花锦蛇、灰鼠蛇、滑鼠蛇等都是著名的食用蛇种。

蛇是一种比较容易烹饪的食材，蛇肉菜肴烹饪的方法很多，以清炖、红烧、炒、炸、烩、煲、卤、羹汤等技法来处理。蛇菜中以当地习俗把金环蛇、眼镜蛇、灰鼠蛇称为"三蛇羹"，加上黑眉锦蛇和百花锦蛇则称"五蛇汤"，都是名菜，价格昂贵。现介绍家庭简易自制或餐馆常见蛇菜的制作方法，供读者参考。

1. 五彩蛇丝

此菜具有色泽鲜艳，蛇丝鲜嫩，味香可口的特点。

原料：蛇丝 300 克（去头皮内脏，将肉切成长约 5 厘米的段，再撕成细丝），竹笋丝 250 克，青红辣椒丝、韭黄、甘笋丝各 50 克，湿冬菇丝 30 克。

调料：食油 1 000 克（实耗 100 克），料酒 15 克，水淀粉 30 克，鲜汤 400 克，油炸米粉 30 克，姜片、葱条、柠檬叶丝、蒜泥、姜丝、胡椒粉、味精、精盐、麻油各适量。

制法：（1）将竹笋丝和甘笋丝放入沸水氽一下，取出沥水。碗内加入水淀粉、麻油、胡椒粉、鲜汤、精盐、糖、味精，调成芡汁待用。（2）将炒锅置中火加热，倒入适量食油烧至七成热时，放入姜片、葱条煸出香味，倒入蛇丝炒匀后，加入料酒、鲜汤、精盐，煨烧片刻后，盛装碗内，加入鲜汤、味精，上笼用旺火蒸片刻，拣去姜片、葱条，滗出汤水待用。（3）将炒锅置旺火加热，倒入适量食油烧至八成热时，倒入蛇丝，加入姜丝、蒜茸、青、红椒丝翻炒数下，加入料酒，倒入已调匀的芡汁，加入冬菇丝、韭黄，淋上熟猪油和少许麻油，炒一下就可装盘；撒上柠檬叶丝，再用炸米粉作围边，即可上餐桌。

特点与说明：此菜为广东风味。色泽艳丽夺目，蛇丝滑嫩，幽幽香味，爽鲜适口。五种配料的丝要切得细而均匀；青红椒丝、韭黄下锅后不宜多烧，煸炒动作要快，不使其过熟而失去应有色泽。

2. 菊花龙虎凤大烩

此菜是传统粤菜风味佳肴，具有芳香浓郁、色泽金黄、口感嫩滑、味道鲜美等特点。

原料：以蛇肉 100 克，猫肉 100 克，鸡肉 100 克为主要原料，配料是菊花 2 朵，薄脆 25 克，柠檬叶 10 克，香菇 25 克，木耳 25 克，姜丝 15 克。加调料：陈皮 25 克，料酒 10 克，胡椒面 1 克，精盐 10 克，味精 3 克，排骨粉 2 克，酱油、蛋清、芝麻油适量。

制法：（1）先将蛇、猫、鸡肉焯水去除血污，换冷水放入高压锅中，置于小火上煮 20 分钟，趁热将蛇、猫、鸡肉与其骨架分离，并将骨架重新放入锅中。（2）再将香菇丝、木耳丝、姜丝焯水，自制高汤备用。（3）接着砂锅上火加入自制清汤和胡椒面、料酒、味精、酱油及蛇肉、猫肉、鸡肉烧沸勾芡后，加上菊花、薄脆、柠檬叶，最后淋上麻油即可食用。

3. 清炖枸杞蛇

此菜为冬令进补的家常蛇菜，具有肉嫩汤鲜的特点。

原料：以 1 条约 500 克重的活蛇为主要原料；配料是枸杞子 25 克、精盐 10 克、料酒 7 克、味精 3 克、猪油 5 克、麻油 2 克、葱、姜、香菜末、八角、陈皮少许。

制法：（1）将活蛇杀死剥皮，去头和内脏后即得蛇壳，然后将蛇壳洗净血污剁成 3 厘米长的蛇段备用。（2）锅上放清水，水煮沸后放入蛇段焯一下，捞出控净水分后，放入高压锅内，加入料酒、枸杞、精盐、猪油、葱姜、八角、陈皮等调料，放火上煮 8 分钟后，从高压锅内捞出，连汤倒入汤盆内，再加味精、麻油、香菜末等调味即可食用。

4. 乌骨鸡烩蛇羹

此菜具有色泽浅红，鲜香适口，营养丰富的特点。

原料：熟乌骨鸡肉细丝 200 克，熟蛇肉丝 200 克，熟冬笋丝 50 克，水发香菇丝 10 克，蛋皮丝 25 克，蛇汤（将蛇肉洗净后放砂锅中加水，姜片、陈皮、桂圆肉，加盖火煮至可退肉即可，放入冷水中冷却，蛇骨用清洁纱布包好，放入锅内煮约 1 小时，蛇汤用纱布过滤后留用）和鸡汤 600 毫升。调料是料酒 30 毫升，酱油 25 毫升，水淀粉 30 克，精盐、味精、陈皮、葱和姜各适量。

制法：将炒锅旺火烧热后放入蛇汤、鸡汤和蛇肉丝、鸡肉丝、冬笋丝、香菇丝、陈皮丝，然后加入葱、姜、酱油和精盐，待煮沸后撇去浮沫，加入味精，再用水淀粉勾芡，浇上熟猪油，盛装汤盘即可食用。

5. 竹丝鸡烩五蛇

此菜具有味美葱香，营养丰富，外形雅致，能使人产生食欲的特点。

原料：主要是五蛇肉（即眼镜蛇、金环蛇、灰鼠蛇、三索锦蛇、百花锦蛇去头尾，剥皮除内脏），生姜 50 克，陈皮 50 克，甘蔗 250 克，桂圆肉 10 克，肚丝 100 克，木耳丝 50 克。调料：猪油、精盐、葱、姜、绍兴黄酒、冬菇丝、木耳丝、酱油、味精和生粉适量。配料菊花瓣和柠檬叶丝各适量。

制法：①将上述五蛇去头尾，剥皮除内脏洗净后放入炒锅中，加清水 2 500 毫升，再放上各种调料，用文火煮 20 分钟左右，拆蛇骨取净蛇肉备用。再将蛇骨放回炒锅中，另入已宰清洗好的竹丝鸡煮 1 小时左右，待鸡煮透时，将鸡捞出，取鸡腿肉和鸡皮 200 克撕成丝状备用。弃去蛇骨，蛇肉、甘蔗、桂圆肉，再将生姜、陈皮切成丝状备用。炒锅中的汤则以布过滤备用。②把蛇肉切成长约 5 厘米长后撕成丝状。在锅中放猪油 40 克，以武火起好锅，将蛇丝加食盐 3 克，味精 3 克，米白酒 15 毫升，生姜 3 片，生葱 2 条爆炸后，拣去葱姜后盛于钵内；加入蛇汤 250 毫升，在蒸笼中蒸约 1 小时。③另以武火起锅，加入猪油 10 克，味精 3 克，绍兴黄酒 10 毫升，生姜 2 片，生葱 2 条，汤 200 毫升放入事先已用水滚过的肚丝 100 克，沸后倒出，滤去水分并去掉葱姜。④最后武火起锅，放入猪油 15 克，绍兴黄酒 10 毫升，加入蛇汤、鸡汤煮沸；加入事先已浸发好的冬菇丝 50 克，前述肚丝（浸发好的木耳丝 50 克、蛇丝、生鸡丝、熟鸡丝、姜丝、陈皮丝各 50 克，细盐 4 克，酱油味精各 13 克，生粉 30 克调水后加入，加油拌匀后并放入 4 杂菊花瓣和柠檬叶丝等作饰后即可食用。

6. 红烧蛇肉

此菜是家庭简易自制的蛇菜，具有肉酥和味香的特点。

原料：用大型无毒蛇，如乌梢蛇、滑鼠蛇、灰鼠蛇、黑眉锦蛇等，用 1～2 条，茭白、笋片等。调料：荤油或素油、黄酒、食盐、酱油、葱、胡椒粉等各适量。

制法：①取出 1～2 条上述蛇经杀、剥皮、剔骨去头与内脏，洗去血污，取得净肉，切成长约 3～4 厘米段备用。②锅中倒入荤油或素油，待热至冒油气时，将上述蛇肉段倒入翻炒。当蛇肉段的边翘卷时加入黄酒烹之。③最后同时倒入笋片或茭白片和所有调料，爆炒一会儿后加入两大碗肉汤或清水，用文火烧至肉酥即可食用。

7. 沸汁汤蛇片

此菜具有肉嫩而鲜，风味独特，制法简易的特点。

原料：活蛇 1 条，熟鸡肉 150 克、平菇 250 克。调料：熟猪油 150 克，姜片、精盐、绍兴黄酒各适量。

制法：①活蛇杀后生剥其肉，切成每段长约 7 厘米，然后再切成薄片，摊在菜板上用刀剁至以肉片损动而变疏松可又不断开为度，然后加食盐、味精、绍兴黄酒拌匀置于盆中腌制备用。②取熟鸡肉 150 克切成长约 3 厘米的片块，并将平菇洗净撕成大块各放一边。③将锅放于武火上，放 125 克熟猪油（熬的猪油）烧至七成熟，放入事先折成小段的蛇骨爆炒，几分钟放入姜片后倒入汤锅，加水 1 000 克炖 1 小时。④最后将锅置武火上，放入 125 克熟猪油，烧成 7 成后放入平菇，鸡肉片炒匀，再放精盐、胡椒粉适量，然后将锅里的蛇汤徐徐倒入（不要底部蛇骨），待汤烧开后再倒入事先准备好的蛇肉盆中即可食用。

8. 简易蛇羹

此菜是家庭学做的蛇菜，具有味鲜可口，制作简易的特点。

原料：去头尾除皮和内脏的蛇肉 500 克，猪骨、鸡骨、鸡肉丝、鸭肉丝、木耳丝、冬菇丝各适量。调料：猪油、盐、味精、生姜丝、陈皮丝等。

制法：①取剥皮去内脏蛇肉 500 克拧断成数段（不用刀以防蛇骨留在蛇肉中），加猪骨、鸡骨、加水 1 500～2 000 毫升同煮 30 分钟后，取出连骨的蛇肉，折去的蛇骨用纱布包好，净蛇肉放一边备用。②把纱布包好的蛇骨放入汤内和猪骨、鸡骨同煮约 3 小时，待汤浓缩去骨渣。③将上述净蛇肉放入汤内，加入所有调料及鸡肉丝、鸭肉丝、木耳丝、冬菇丝等。或用冷水调成薄浆和匀于羹中。羹在烹调过程中，要加生姜丝、陈皮丝去腥和增味后即可食用。

9. 香酥蛇皮

此菜具有咸、香、酥、鲜的特点。

原料：蛇皮 350 克为主要原料，配料：嫩肉粉 2 克，精盐 3 克，椒、盐 3 克，鸡汤 50 克，豆油 750 克（实耗 70 克）。

制法：①将蛇皮洗净切丝放入碗中，加入嫩肉粉、鸡汤、精盐拌匀放置 10 分钟。②锅内放油烧至 7 成熟时放入蛇皮丝炸酥后捞出，待油温升至九成熟时再放入蛇皮丝炸酥捞出，装入盘中撒上椒、盐即可食用。

10. 烧鸡肝拼蛇片

原料：蛇肉 400 克，鸡肝 200 克，味精 7 克，生粉 15 克，蒜茸、葱段少许，姜花 50 克，湿粉 50 克，绍酒 25 克，蛋白 2 只，生油若干。

制法：①去骨蛇肉用盐 25 克，腌渍 1 小时，再用清水漂至白色，捞出去筋切片，用毛巾吸干水分，放入容器中加蛋白 1 只，盐、味精各 7 克，拌匀，再加少许生油封面腌渍。②将鸡肝卤熟，粘上蛋白与湿粉，用中火炸成金黄色捞起，切片，扣入碗内。③蛇片用六成油温拉油后倒出加入绍酒、葱段、蒜茸、葱花同炒熟，用湿粉勾芡加尾油，倒入鸡肝碗内，覆盖上碟，鸡肝放上面即成。

11. 盐香水蛇

原料：带皮金边水蛇、干辣椒、盐焗鸡粉、彩椒块、葱白、洋葱片、盐。

制法：将水蛇切成大片，撒少许盐腌制，起油锅，将水蛇以低温泡油，捞起控干油分，起油锅，入干辣椒、洋葱片、彩椒块、葱白、姜爆香，加炸好的水蛇，撒盐、焗鸡粉调味即可。

12. 陈皮枣蓉蒸水蛇

原料：带皮金边水蛇、陈皮、红枣、黄酒、盐、姜蓉、花生油。

制法：将陈皮浸泡后剁成蓉，红枣浸泡后核剁成蓉，带皮水蛇切长条，加陈皮蓉、枣蓉、黄酒、盐、姜蓉腌制 5 分钟。猛火蒸 10 ~ 15 分钟即可。

第二节　蛇皮的应用与加工

蛇皮是人工从蛇体上剥下来的表皮和真皮。蛇皮除可用作滋补品外，还可药用。《新修本草》对蝮蛇皮有"烧灰疗疔肿、恶疮、骨疽"的记载。临床上用于治疗牙痛、白癜风、化脓性指头炎、疔肿、恶疮、骨疽等。山东地区用蛇皮烧炭研末，香油调冷治疗中耳炎；浙江省宁波地区还用蛇皮加斑蝥浸酒外擦治疗白癜风。此外，大型蛇皮可用于制作工艺品及乐器的琴膜和手鼓皮。由于蛇皮轻薄、坚韧，花纹美观大方，可以用其制成腰带、手提皮包、钱袋、皮带、童鞋、女鞋等用品。由于原有的美丽色彩和斑纹保持不变，制成工艺品可漂白染色，精美别致，成为国内外一种紧俏商品。

一、蛇皮的剥取与加工

剥取蛇皮主要采用吊挂剥皮法和地上剥皮法。吊挂剥皮的蛇皮呈圆筒状，再沿腹部竖直剪开呈片状，摊平，两边钉在木板上，晾干即成（图26）。地上剥的蛇皮呈片状。割去蛇的头尾，取其中间部分。蛇皮剥下后，用平铲刀（普通菜刀亦可）将肌肉和脂肪刮净。将皮内面朝上摊，平铺在木板上，在皮的边缘处用约3厘米长的铁钉（钉距2厘米）拉紧，铁钉固定，并应均匀对称，置通风处晾干，切忌在阳光下暴晒，持续阴雨天气不宜加工。充分干燥后卷成筒形，内撒樟脑粉，以防止虫蛀和发霉变质。

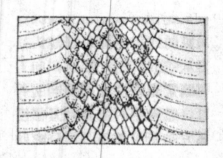

图26　眼镜王蛇皮

二、蛇皮质量标准

鉴别蛇皮质量优劣应注意几方面：①色泽光亮鲜艳、斑纹明显美观的为优质；色泽不鲜艳，有虫蛀和发霉的为劣质。

②鳞片排列紧密整齐的为优质；鳞片排列疏松，鳞片与鳞片之间有空隙的为劣质。③皮质厚度适中，均匀而光滑、弹性强的为优质；皮板太厚或太薄、中间厚两边薄、皮面粗糙、皮下肌肉未刮净，剥皮受伤、皮板有破损的为劣质。此外，加工技术、捕捉期及捕捉方法等因素也都直接影响蛇皮的质量。

第三节　蛇药材应用与加工

一、蛇干药材加工

蛇干是蛇干燥体，入药有祛风、活络、镇痉、攻毒的作用。将入药蛇摔死，剖腹去肠等内脏后用清水冲洗干净，纱布拭干，浸泡于60%～70%酒精内，6～8小时后取出稍晾干，将蛇体盘绕成圆盘状，炭火烘干，要求头尾俱全。成年蛇干的质量，以色淡无血污、无霉变和虫蛀、腥而不臭、无烤焦斑痕、个体大而肉厚、花纹明显者为佳品。除去内脏的、孵化出7天左右的银环蛇幼蛇干燥体（称为金钱白花蛇干），按规格盘成圈后似银元大小者为我国名贵药材，出口国外。现将几种蛇干的制作方法介绍如下。

●（一）乌梢蛇干●

又名乌蛇干，为传统的名贵中药材，秋季的蛇最肥、最壮，是加工制取乌蛇干的最佳季节。其加工方法是将乌梢蛇处死，剥皮去内脏、脂肪及血污。在未僵之前以蛇头为中心逐渐向外盘成圆形，蛇尾盘入紧挨着蛇腹内侧。这种盘法只见蛇头未见蛇尾，是比较常用的一种加工方法。另一种盘法是，将蛇尾绕经蛇腹直接从蛇头旁引出，并把蛇尾含在蛇口中，使其头尾相连。两种盘法都以细竹签以"十"字形插入蛇体内加以固定后，放置在各好的铁丝架上，用炭火烘干，烤到五六成干时改用文火慢烤烘干，防止烤焦。也可用烘箱或电烤箱烘干，但要掌握好温度，防止烤焦而影响质量。如数量较少，可直接采用日晒，干透成乌蛇干，应注意密封保存。乌蛇干的质量，以蛇体干燥、皮黑、内呈黄白、体质坚实、无霉、无虫蛀、腥而不臭、无烤焦现象的为上品，可治风湿性关节炎、中风、口眼歪斜、半身不遂等顽固性疾病。与其他中药配伍，还可治小儿惊风及破伤风所引起的筋脉拘挛、儿童体虚脱肛、妇女子宫脱垂等病。对治疗皮肤病中的干、湿癣，慢性湿疹，荨麻疹，皮炎等均有特效。

● **（二）金钱白花蛇干** ●

金钱白花蛇是银环蛇幼蛇去内脏的干燥全体。金钱白花蛇的加工制作方法：取银环蛇（自孵化出壳后，经饲养 10 天左右，即有筷子一般大小，长度 30 厘米左右）。以 7 日龄加工制成的金钱白花蛇质量最好。加工时用钳夹法捕捉，夹死或放入酒精中浸死，然后加工制作。具体制法是：用铁钳夹住幼蛇的头颈部，先把蛇尾和蛇身放入盛酒精的玻璃瓶中，最后才把头部塞入。操作时应格外小心，保持蛇体完好，避免被毒蛇咬伤中毒。把蛇杀死后，首先除去毒牙，以防加工时被刮伤。如果大量加工，应选晴天，除去毒牙后即行剖腹，剖腹时从颈部至肛门直线剖开，开口愈整齐愈好。把所有内脏清除干净，再用干净纱布抹净血迹和抹干水分后固定成形，以蛇头为中心，把蛇体弯曲盘卷成圆盘状，并把蛇尾端放入蛇口中，然后用两根坚韧尖利的细竹签，交叉横穿过蛇体，固定成圆盘形状（俗称盘蛇，图27）后烘干，加工数量较少，可把盘蛇放在木炭火上慢慢烘焙干燥。不能用明火烘，也不能让火烟接触和烟熏盘蛇，以防带有火烟味而影响药材质量。加工数量较多时，应设有烘焙箱或烤炉。烘焙箱或烤炉也是木炭供热，不能烧明火和急火，要用文火慢慢烘焙至彻底干燥。烘箱或烤炉内的温度以保持在50℃左右为宜。烘焙盘蛇至干透为度，防止过热烘脆焙焦，并保持盘蛇盘形整齐，没有污染杂质杂物。金钱白花蛇烘焙干燥后，每盘都要用干净的白纸包好，放于纸盒内即可交售。如需贮藏一段时间必须要做好贮藏保管工作。为了防止金钱白花蛇中药材被虫蛀，可用硫黄粉熏蒸（每5千克蛇干用硫黄粉20~24克），再将蛇装入瓦罐内。保管室必须保持通风、干燥；室内防潮可用石灰或木炭吸潮，防止蛇干发霉，同时还应防止鼠害或蚁害。

图27 金钱白花蛇（药材）

（三）蕲蛇干（五步蛇干）

尖吻蝮可鲜用入药，通常制成蛇干作为药品（图 28）。蕲蛇干制法：剖腹去内脏，以头居中盘成数圈，圈与圈之间略以粗线缝合成盘蛇。以头为中心圈成圆饼状，其尾部插入最后一圈中，并以削尖的竹签作“十”字形插入蛇体固定以后置炭火上烘烤成干占气腥臭，味微咸，有祛风湿、定惊的作用。

图 28　蕲蛇（药材）

（四）蝮蛇干

蝮蛇干一般供研粉或浸酒用。蝮蛇干的制作方法是将蝮蛇放入沸水中烫死，并剖腹去内脏，将肋骨靠近脊柱处折断，将蛇体展直摊平，然后用炭火烘干，防止烤焦，烤到五六成干时改用文火慢烤到干透即成。

二、蛇粉

将蛇干粉碎成散剂应用范围很广，可以用于治疗风湿、类风湿关节炎、关节劳损及各种神经痛等。制作简单，运输携带方便，又能防潮。我国传统医药学治疗风湿性关节疼痛早就采用铁研粉，铜冲钵，将蝮蛇蛇干冲击研磨成粉，或用瓦片、瓷片烘干研成蝮蛇粉或装胶囊内服用。每次1克，日服2次，连服3个月有效。目前生产应用最多的是蝮蛇粉，现代发展成为口服型胶囊。据《吉林中医研究》报道，蝮蛇粉对乳酸杆菌有明显增殖作用。又据《河南中医杂志》报道，用蝮蛇粉治疗小儿下肢麻痹、麻风、红斑狼疮、甲状腺功能亢进、脱肛、子宫脱垂等均收到较好效果。资料报道，有人用蝮蛇粉试治几种癌症起到一定的缓解作用。

　　生产蛇粉可采用烘干直接经粉碎机粉碎的方法，如民间将活蝮蛇去内脏，洗净烘干或焙干研粉即成。或用酸、碱、酶水解成粉，也有采用冰冻干燥粉碎成粉的，不论采取哪种生产方法，生产蛇粉都有严格的要求。生产蛇粉的原料以活蛇为好，因为用蛇干加工成蛇粉时，一般用日晒、煤烘、炭烘等处理，蛇干上留有大量致病菌或发生霉败现象，生产出来的蛇粉不符合生产质量要求，特别是煤烘蛇干还含有对人体有害的物质。现在采用红外线辐射干燥法生产蛇粉，但用直接加温干燥粉碎法，蛇体生理活性物质加温后受到破坏，药效不理想。从目前蛇粉生产发展趋势看，用冷冻干燥粉碎法生产的蛇粉含有重要活性物质，疗效优于直接干燥方法。最好是采用蛇肉酶水解法，该法反应条件温和，氨基酸不被破坏，腥味较少，不产生消旋作用，能保持活性物质，使大分子转变为小分子，便于消化吸收，提高疗效。

三、蛇胆的摘取与加工

蛇胆是一味珍贵的中药材，具有多种药用价值。蛇胆多为类椭圆形、长椭圆形、卵圆形或杏形等，长1~1.5厘米，直径0.5~1厘米，两端钝圆或稍尖，胆管细长，软而有弹性。其化学成分与哺乳动物的胆大致相似。胆汁中主要含有胆汁酸盐、磷脂、胆固醇及其酯、胆色素等，对蛇有帮助消化吸收脂肪和解毒的作用。蛇胆性寒，味甘、苦，有小毒。有祛痰、祛湿、舒肝、明目等作用。临床主要治疗风湿关节炎、眼赤目糊、肺热、咳嗽多痰、胃热疼痛、皮肤热毒等。蛇胆川贝液中成药中蛇胆是主要成分。配合其他中药经加工炮制成的蛇胆散，如蛇胆陈皮散、蛇胆川贝散用于治疗心腹隐痛、消化不良和慢性咳嗽等，有特效。

蛇胆的质量以每年冬季取的胆为最佳，夏初、秋末取的胆次之。蛇胆入药的种类为碧绿，但乌梢蛇从野外捕捉未经饲养时取胆常呈橙黄或淡红色，叫作"水胆"，通常不入药，但经饲养后变为深绿色。取蛇胆前1周不给蛇喂食，让蛇饿1周左右，以便积聚较多的胆汁于胆囊中。如果给蛇喂食后取胆，胆汁就会有不同程度的消耗。蛇胆取出后，应放置在避光阴凉处保存，否则胆色易退。鲜蛇胆保存时间不宜过长，以免降低质量。现将蛇胆摘胆与加工方法介绍如下。

● （一） 蛇胆采集 ●

蛇胆位于蛇体从吻端至肛门之间的中点稍偏后。胆囊呈椭圆形或梨形，大者如大拇指，小者如花生米。蛇胆以墨绿

色为佳，如淡黄色或灰白色的为"水胆"和"白胆"，无药
用价值，通常不入药。先让蛇饿几天后再取为佳品。摘取蛇
胆有两种方法，一种是活蛇抽胆，方法是用左脚踩住蛇颈，
右脚踩住蛇尾，腹部向上，从蛇的泄殖腔至头颈部 1/3 处，
用食指顶住蛇脊，拇指自前向后按摩，摸到一个较他处为坚
实的圆形物即是胆囊，探明胆囊位置后稍加压力，使胆囊处
的腹壁微凸，然后用 70% 酒精给皮肤消毒，再行手术活蛇取
胆，取胆的蛇类在短期不会死亡，甚至可活 1 个多月。目前
多采用注射针头直接刺入胆囊，抽取胆汁，装入消毒过的玻
璃瓶中，进行真空干燥。抽取胆汁时，一次不宜抽完，1 个月
之后可以再抽。另一种方法是杀蛇取胆，方法是取胆前将蛇
饿几天，将蛇处死，用细绳将头部捆起来吊在树上或墙壁上，
然后用小刀在蛇的腹部从吻端到肛门沿中线切开 1~1.5 厘米
的小口，用手挤压胆囊，使它露出切口，用细线将胆管上端
用细线双重结扎，然后在结扎处的上方剪断胆管，取出胆囊。

● （二） 蛇胆的加工 ●

把摘取的胆囊晾干保存或放在盘内，取出胆汁，除去胆
囊皮膜，配入 55 度~60 度的粮食白酒，装瓶密封 2 个月。待
青色转成蓝色时，加入加工后的川贝末或陈皮末（当归末亦
可）在酒中浸泡，吸透后取出晒干，即成中成药蛇胆酒。或
将新鲜胆汁直接浸泡于 55~60 度白酒中 3 个月，待酒色转青
即可饮用。也可将蛇胆用线扎住胆管，悬挂在通风处阴干。
胆汁配入 50 度以上白酒，把已加工的陈皮、干姜或胡椒放入
泡透后取出晒干制成蛇胆陈皮、三蛇胆姜、三蛇胆胡椒等多
种中成药，有祛风痰功效。

四、蛇酒浸泡法

将蛇类制成药酒应用在我国有悠久的历史。蛇酒传统制法系去头及内脏，并将蛇肉蒸熟后浸酒。一般用蛇干浸泡，也有用整条蛇剖腹去肠杂后浸泡而成的。蛇酒的服法应遵照中医辨证施治的原则，根据人的性别、年龄、个体差异和时令节气等论治。患有高血压、心脏病的病人，妊娠期、哺乳期、行经期的妇女，肝脏有病的儿童等都应慎用或禁用蛇酒。蛇酒色淡黄透明，气味略带芳香及蛇腥气，味腻滑清润及微涩。有祛风湿、滋补强壮的作用，为了加强疗效，在蛇酒中还加入多种中草药。由于浸出物有时略有析出，故可能略有沉淀。

蛇酒的浸泡方法，有干浸、鲜浸和活浸 3 种方法。

● （一） 干浸法 ●

将加工好的蛇肉干，以 5：1 的比例浸入 55 度白酒中，密封 2 个月，待酒色转黄即可饮用。

● （二） 鲜浸法 ●

把蛇杀死，去内脏，清水洗净，泡入 55 度白酒中，密封 2 个月即可。

● （三） 活浸法 ●

近年来采用活蛇浸酒，将经过冲洗并挤出排泄物的蛇投入酒中。有的地区采用蛇干研粉后再浸酒。据试验认为，用活蛇浸酒可能保留较多有效物质，但气味略腥；熟蛇肉浸酒不但无腥气，且有香味。蛇酒中的三蛇酒和五蛇酒是著名的特产酒，主要用于治疗运动系统的疾病，如风湿及类风湿关节炎、关节劳损等。"三蛇酒"是用金环蛇、灰鼠蛇、眼镜蛇及有关中草药浸酒而制成。制法是 3 种蛇各 1 条（1 000 ~ 1 500克）分别去内升脏去头，用清水刷洗，用布擦干，泡入 50 度以上 7 500 ~ 10 000毫升的米酒中，密封 2 ~ 3 个月。三蛇酒橙黄色，味香醇。"五蛇酒"是用以上 3 种蛇再加上银环蛇和百花锦蛇泡酒制成的。浸酒时若配以黄芪、杜仲、党参、防己等中草药，可增强药酒的舒筋活血、强壮身体等功效。

海蛇干制成海蛇药酒，有祛风除湿、舒筋活络、强身壮骨等作用，饮后对风湿症、肩周炎、坐骨神经痛有良好疗效，被称为"风湿克星"。浸酒方法是：将海蛇干先用酒洗净，切成小段，然后用 100 克海蛇干配以 5 000 克 40 度以上的优质白酒浸泡（放入适量中药更好），20 天后即可饮用。

注：服用蛇药治病必须在医师指导下，进行对症治疗。

五、蛇油的利用与加工

蛇油是蛇死后剖腹从蛇体内剥得的脂肪，放置锅中熬炼而成。蛇类冬蛰以前储藏大量能量，故蛇体内富含脂肪，此时蛇油营养价值较高。蛇油是一种保健食品。它含有 12 种脂肪酸，主要含亚油酸、亚麻酸等不饱和脂肪酸，其他脂肪酸有甘油棕榈酸等。其中含量特多的是亚油酸，它有预防血管硬化的作用。蛇油目前多用于治疗冻伤、烫伤、皮肤皲裂、慢性湿疹等。还可用作各种药膏及工业用油的原料。

蛇油澄清透明，但有腥气，一般人不爱吃，多作擦身软膏用。我国民间用冰片研末调入蛇油中，治疗冻疮、烫伤、皮肤皲裂和慢性湿疹等疗效显著。近年来将蛇油脱色、除腥后制成护肤品，用于防治皮肤开裂、瘙痒及冻疮。

六、蛇蜕的利用与加工

　　蛇蜕又名青龙衣、蛇退、蛇壳，是蛇生活期中自然蜕下的体表角质层。小蛇孵出或出生后 1 ～ 10 天即开始蜕皮，每条蛇 1 年蜕皮 3 次或 4 次。食物丰富、年幼生长速度快的个体，则次数增加。蛇蜕含有骨胶原等成分，全年均可拾取，除净泥沙后晾干备用。体轻，质脆易碎，手捏有润滑感和弹性，轻轻搓揉时沙沙作响，味淡或咸，气味略腥。入药以条长、光泽无杂质者为佳品。蛇蜕性平，味甘、咸，有祛风、解毒、明目、定惊、杀虫等作用。用于治疗小儿惊痫、痉挛、目翳、皮肤瘙痒、顽癣、荨麻疹、皮肤风热、毛囊炎、蜂窝组织炎、痈肿无头、流行性腮腺炎、乳腺炎、带状疱疹等。内服每日 5 ～ 10 克，水煎服；据报道，用蛇蜕每次服 3 克，日服 2 次治疗 250 例脑囊虫病，有效率可达 80%。供药用的酒蛇蜕加工时可将蛇蜕除去泥沙、干燥、切断，按每 100 千克蛇蜕用黄酒 15 千克，按酒炙法炒至微干呈微黄时取出即成。另一种煅蛇蜕加I，用黄酒洗净蛇蜕置于罐中，加盖用泥封后用火煅约 2 小时，次口启封装入陶器保存。

七、蛇毒的利用与采收、贮存

蛇毒是毒蛇头部的毒腺（某些口腔腺变态后的腺体）的分泌物。毒腺为强韧白色结缔组织，位于毒蛇头部两侧口角的上方，完全被头部肌肉包围着，毒腺多与特化成的毒牙相通，腺体借周围肌肉的收缩将其分泌的毒液压挤进入毒牙的沟或管内，从而注入被咬者的体内而引起中毒。蛇毒虽能使人畜中毒，但在临床上应用确能治疗毒蛇咬伤及一些疑难疾病，并可取得显著的疗效。

蛇毒是稍有黏性的液体，呈黄色、淡黄色、乳白色、绿色甚至无色。含有 30 多种物质。味苦，稍有腥味。蛇毒中的酶类具有强大的催化能力，选择性强，在医药效用上可起到专一的催化作用。应用蛇毒最早的是，1993 年 Manaelelesser 用眼镜蛇毒给癌症患者镇痛，收到了很好效果。1963 年 Keid 马来西亚的红口蝮蛇毒中分离提纯到溶纤酶样的物质，并将其用作防止血栓形成的药物。国际上，如美国、意大利、印度等国多采用精制的神经毒作为镇痛剂治疗关节炎、神经痛肌炎等症，并有治疗肿瘤的报道。此外，还用分离提纯的眼镜蛇毒治疗冠心病（眼镜蛇和眼镜王蛇等蛇毒需经特殊加工后才能使用）。我国最早把蛇毒用于医疗始于 20 世纪 50 年代，当时的广州中医学院用眼镜蛇毒的粗毒治疗多种疼痛，获得了较好的镇痛效果。1976 年开始，中国科学院昆明动物研究所开展了多种蛇毒的分离提纯工作；龚潮梁等用提纯的眼镜蛇神经毒于 1978 年制成"克痛宁"注射液，用于临床镇痛效果较好。近年来，中国医科大学蛇毒研究室用辽宁蛇岛蝮蛇毒制成栓酶注射液。用于治疗闭塞性血管病取得了成功。解放军118医院和沈阳医学院合作，从东北长白山脉陆生蝮蛇毒中分离提取出来凝血酶，制成清栓酶药物，对闭塞性血管病和闭塞性血管病等均有良好疗效；用于蝰蛇毒可使血中纤维蛋白原变成纤维蛋白而形成凝块，故近些年来。用0.1%蝰蛇毒的灭菌溶液治疗血友病等的出血，并将其用于血液病的鉴别诊断。此外，上海生物制品研究所、浙江省中医研究所和浙汪医科大学协作，研制成功精制抗蝮蛇毒血清和精制抗尖吻蝮蛇毒血清。广州医学院与上海生物制品研究所协作精制抗银环蛇毒血清，提高了毒蛇咬伤病人的治愈率。随着现代科学的发展，目前已经能用毒蛇的毒液制成各种抗蛇毒血清和疫苗。据初步统计，现在世界上已有20多个国家利用50多种蛇毒研制成了70多种抗蛇毒血清。近年有科研单位还用眼镜蛇的神经毒组分生产出新的药品，不但疗效良好，而且还不会产生耐药性。此外，蛇毒中还含有多种具有生物活性的组分——生物催化剂。因此，蛇毒在国际市场上比黄金还贵多倍，如蝮蛇纯干毒粉价格在国际市场上是黄金的20倍，且供不应求，故有人把蛇毒誉为"液体黄金"。

为了便于养蛇者识别各种蛇毒，现将各种蛇毒的性状、成分、采收、贮存与质量鉴别分述如下。

● **（一）各种蛇毒的性状和成分** ●

1. 银环蛇的蛇毒

为灰白蛋清样黏稠液体。蛇毒中含有三磷酸腺苷酶、磷脂酶A、磷脂酶、鱼精蛋白（透明质酸酶、乙酰胆碱酯酶等。

此种蛇毒主要含有神经毒。

2. 金环蛇的蛇毒

为金黄色蛋清样黏稠液体。蛇毒中含有磷酯酶 A_2、乙酰胆碱酯酶等。此种蛇毒主要含有神经毒。

3. 眼镜蛇的蛇毒

是淡黄色蛋清样黏稠液体。蛇毒中含有磷酸单酯酶、磷酸二酯酶、5′核苷酸酶、胆碱酯酶、氨基酸氧化酶、脂酶、磷脂酶、三磷酸腺苷酶、溶菌酶、α-糜蛋白酶等。此种蛇毒不同程度兼有神经毒和血循毒。

4. 眼镜王蛇的蛇毒

为金黄色蛋清样黏稠液体。蛇毒中含有磷酯酶 A_2、L-精氨酸酯水解酶、蛋白酶类、三磷酸腺苷酶、5-核苷酸、抗凝血酶等。此种蛇毒不同程度兼有神经毒和血循毒。

5. 尖吻蝮的蛇毒

为乳白色黏稠的半透明液体。蛇毒中含有磷脂酶 A、5′-核苷酸酶、三磷酸腺苷酸、磷酸二酯酶、缓激肽释放酯酶、AC_1^- 蛋白酶、精氨酸酯酶、抗凝血酶。此种蛇毒主要含有血循毒。

6. 竹叶青的蛇毒

为淡黄略带微绿色的蛋清样黏稠液体。此种蛇毒主要含有血循毒。

7. 蝮蛇的蛇毒

为金黄色的蛋清样黏稠液体。此种蛇毒主要含有血循毒及不同程度的神经毒。

8. 烙铁头的蛇毒

为金黄色的蛋清样黏稠液体。每条次所排干毒的平均重为 27.16～75 毫克。此种蛇毒主要含有血循毒。

9. 蝰蛇的蛇毒

为白色蛋清样黏稠液体。

10. 海蛇的蛇毒

海蛇有多种，其中的长吻海蛇蛇毒含有同形物 15.3%。蛇毒中含长吻蛇毒 a。在蛇毒中有蛋白酶、透明质酸酶、氨基酸氧化酶、磷脂酶、胆碱酯酶、卵磷脂酶、核糖陔酸酶、脱氧核糖核酸酶、磷单脂酶、磷二脂酶、5′-核苷酸酶等。此种蛇毒主要是神经毒。青环海蛇的蛇毒呈灰白色，含有海蛇毒 a 和海蛇毒 b。黑头海蛇的蛇毒同青环海蛇。

上述蛇毒的色泽是就正常情况而言的，特殊情况下也有例外，如广州暨南大学劳伯勋教授发现安徽产的银环蛇的色泽为金黄色，和正常的灰白色不同，后经过凝胶电泳分离其区带，证明其确为银环蛇毒。研究表明，该批蛇毒质量亦佳。生产者介绍，该蛇场喂银环蛇用的是一种金黄色的鳝鱼。这种金黄色素是通过银环蛇取食而摄入，蛇毒中染有此色经毒腺分泌而排出所致。这种金黄色在进行蛇毒组分分离时，可以单独分离出来。

● **（二）蛇毒的采收、贮存与质量鉴别** ●

蛇毒由 30 多种活性酶组成。我国已试制成功 6 种致命毒蛇的抗毒血清，开始在临床上应用，为抢救蛇伤病人的生命发挥了巨大作用。现介绍毒蛇排毒量及采收蛇毒的几种主要方法。

1. 排毒量

凡是能够产蛇毒的毒蛇均可列为被采毒的种类。目前在世界范围内供采毒用的毒蛇主要是在各地区数量较多的蛇种，约有 200 种。我国供采毒的蛇种主要是眼镜王蛇、眼镜蛇、金环蛇、银环蛇、蝰蛇、蝮蛇、尖吻蝮、竹叶青及某些海蛇。其他毒蛇种被采毒的很少。

　　毒蛇排毒量的多少依不同种类的毒蛇有所不同，同种毒蛇的排毒量也各异，因为毒蛇的排毒量受很多因素影响，如与蛇体的大小、产地、生活环境、排毒的季节、气温、咬物频率和咬物时的激动状态等蛇龄不同，蛇毒各组分的含量也有很大的差异（表 5）。

表 5　中国常见毒蛇的排毒量比较

毒蛇名称	平均每条蛇咬物 1 次排出毒液量（毫克）	平均每条蛇咬物 1 次排出毒液干毒量（毫克）	毒液中的固体量（%）	毒液中的含水量（%）	毒蛇产地
眼镜王蛇	382.4	101.9	26.6	73.4	广西
眼镜蛇	250.8	79.7	31.8	68.2	广西
金环蛇	94.1	27.5	29.2	70.8	广西
银环蛇	18.4	4.6	25.0	75.0	广西
蝰蛇	191.9	44.4	23.1	76.9	广西
	112.0	30.4	27.1	72.9	福建
蝮蛇	126.7	41.4	32.7	67.3	江西
	69.7	20.8	29.8	70.2	浙江
尖吻蝮	222.2	59.0	26.6	73.4	广西
	688.0	176.1	25.6	74.4	福建
竹叶青	27.5	5.1	18.5	81.5	广西

　　注：引自成都生物研究所等

　　2. 采集蛇毒的季节和时间

　　为了能够使毒蛇产更多的毒，必须选择在 5～10 月采毒。

我国北方地区，在 6～9 月气温在 20～30℃时采毒量最多。

对于采毒季节的划分，各地区及不同的蛇种有不同的差异。一般在毒蛇出蛰后，第 1 次进食 7 天后即可采第 1 次毒，入蛰前 20 天至 1 个月可采最后 1 次毒。平均每条毒蛇每年可采毒 3～4 次，进入冬眠的蛇和繁殖产卵的蛇不宜采毒，这样才能保证取毒量和蛇体健康。每次采毒间隔足够时间，否则会影响进食，引起消化不良而导致死亡。

3. 采集蛇毒的场地

采集蛇毒如在室外必须选在避风阴凉处，周围安静、清洁的场所进行，最好选在宽敞、通风明亮，能避免阳光直射或雨淋的清洁室内进行。

4. 采毒方法

（1）采毒前的准备　蛇毒是毒蛇头部两侧毒腺的分泌物。在蛇体有关肌群的收缩挤压下，经过导管由毒牙将蛇毒注入猎物体内而使猎物中毒。为确保蛇毒在毒腺中蓄积较多，应在取毒前 3～5 天清洗蛇，将其分类或独养在笼内（对不同种类的蛇不宜混养，密度不宜大，以互不挤压为度），只给水不喂食料。每个笼箱养蛇不宜多，以免挤压死亡或影响排毒量。采集蛇毒，每次必须 2 人以上，并穿好防护服，戴上眼镜和手套，防止毒蛇咬伤。同时要准备好各种采集蛇毒工具，如蛇钳、洁净的取毒器或 40～50 毫升漏斗，20～25 毫升刻度试管、外套管、贮毒液瓶、冰桶、空蛇箱或蛇笼，真空干燥装置、防护手套和标签等。做好各种采集蛇毒工具的清洗消毒，确保采集蛇毒的质量。

（2）毒蛇取毒的方法　取蛇毒的方法较多，一般有死采和活采两类。死采是将活蛇麻醉处死后，从其头部剥离出毒腺，用手指轻压令其排出毒液；也可将毒腺和生理盐水或注射用水一起研磨，经离心沉淀后取其上清液干燥而成。死采不仅手续繁杂，破坏蛇类资源，而且质量不高。一般均采用活采取毒法。活采取毒方法主要方法有以下5种。

①自咬取毒法：取一个干净的盛毒器皿（也可用瓷碟）放在桌上，大蛇取毒时，用右手抓住蛇颈，左手捉蛇后半部，把蛇头靠近盛毒器具（瓷碟），蛇会张口咬住盛毒器具（瓷碟）的边沿（图29），这时毒液即可顺着毒牙流入盛毒器具（瓷碟）内，直至毒液停止排出为止（一般1～2分钟为宜）。较小的蛇取毒时，用右手抓住蛇颈，左手拿盛毒器具（小瓷碟）塞入蛇口，如蛇不张口，去碰毒蛇的头部，毒蛇便会张口，使蛇狠咬盛毒器具（小瓷碟）的边沿，排出毒液，即顺着毒牙流入器皿内，直至毒液排尽为止（一般1～2分钟为宜）。蛇毒取出后把毒蛇放回原处笼中精心喂养，以利下次继续取毒，再抓另一条毒蛇继续取毒。本法操作简便，但有时蛇的口腔中除毒液外还有其他泥沙等污物一齐带出。为克服此缺点，通常在盛器表面缠上一层尼龙薄膜，以排出污物（图29）。

②挤压取毒法：本法特点是在前法的基础上外加按挤毒腺。取毒时用右手抓住蛇的颈部，左手把玻璃器皿或瓷碟等工具送入毒蛇口中，当它咬住器皿边缘时，再用右手的食指和拇指贴在蛇的毒腺位置的头部两侧，以指挤压并来回按摩，迫使毒腺变扁，直到毒液从毒牙中排尽后取出工具。用此法不需复杂的取毒工具即可排出较多的毒液，提高毒液的产量。

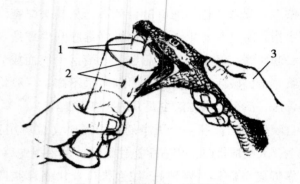

图 29　蛇毒的采收（咬皿法）

1. 毒蛇咬住器皿边缘毒牙位于器皿内缘部；2. 采
出毒液；3. 手指在毒腺部位轻轻挤压

但按挤毒腺安全程度较差，初学者一定要戴安全防护手套，防止蛇咬伤。

③研磨取毒法：此法与挤压法大同小异，主要是要两人配合操作，由一人固定蛇体，另一人用手反复研磨毒腺，使毒液流出。

④电刺激取毒法：用"针麻仪"等微弱电刺激工具使蛇排毒。其方法是先用吸水滤纸或吸水海绵塞住蛇口，再用特制的电极刺激毒蛇的毒腺部位，即将阴电极和阳电极触在蛇口腔的内壁，用微弱电刺激，当蛇受到刺激会立即排出毒液。蛇毒液排在滤纸和吸水海绵上后，用生理盐水洗出滤纸或海绵中的毒液。由于使用"针麻仪"刺激毒蛇排毒时，如蛇体受刺激过大会影响蛇的健康，因此很少采用此法取蛇毒。

⑤断头取毒法：用于大型蛇场综合加工利用取毒用。活蛇采取蛇毒时，若遇有毒蛇紧咬毒器皿不松口，可轻扭其颈部或轻轻摆动蛇腰使它松口，也可用小木棒刺激蛇肛门，使

其松口，切勿强拉取毒器皿，以防损坏毒牙而影响以后继续取毒。可将蛇和取毒器皿一起轻轻放入笼内或就地放下，让蛇自行松口放下器皿。若取毒器皿中原来取的毒不多，可用原来的玻璃管或取毒皿，直接放入真空干燥器内进行干燥，不必再移入其他盛毒器皿内。每20天取毒1次，可灵活掌握（入蛰前、冬眠、出蛰后及病弱蛇不宜采毒）。取蛇毒时动作要轻。为了防止被毒蛇咬伤，取毒后放开蛇的动作要快，若将取过毒的蛇仍放入笼子时，应先放蛇身，待蛇头接近容器入口的边缘时，快速松手放蛇，若蛇不能与手及时脱离，可能会被蛇回转猛咬一口。如饲养场饲养几种毒蛇，取毒时要严格分开，不同蛇种蛇毒不能混杂，取毒工具应分开单放，用后洗刷干净，晾干各用。

5. 蛇毒的干燥和保存

蛇毒的新鲜毒液微腥、黏稠、呈弱酸性。容易酸败变臭，且有挥发性。新鲜蛇毒易溶于水，常温下只能保存1～2天，如果超过1天或遇100℃高温时，毒性会自然消失。一般在室温下1天不处理（夏天时间更短，冬天时间稍长）就能引起腐败变质，若将蛇毒液放置冰箱中也只能存放15～30天。所以新鲜毒液必须及时干燥，使含水量不超过5%，干燥的方法有两种：一种是冰冻真空干燥法，另一种是普通真空干燥法。蛇毒中的水分在真空密封环境中会迅速变为水蒸气而被抽去。一般的真空干燥需用真空泵和真空干燥器干燥。干燥过程中不应将几种蛇毒放于同一真空干燥器中干燥，以防抽气过程中发生混杂。若干燥的毒液量大，应分批几次抽干为好。由于蛇毒的吸水性较强，且不耐热，在潮湿的空气、高温及光线的影响下均可能变质失效。所以蛇毒的干制品必须盛于容器，用黑布包裹避光保存。为了确保质量与纯度不会降低，切忌放置在日光下暴晒或存放在温度超过35℃以上的地方保存。保存在容器内的蛇毒，对大瓶装的蛇毒，为了尽量减少打开的次数，若需取用样品供检验或提供给客户，应先取出一些蛇毒封装于安瓿瓶中各作样品用。在盛毒器外应标明蛇毒种类、采毒日期、重量、备注等内容。浙江省磐安县张鑫彪介绍贮存蛇毒10～40年不变质的经验如下：①将干燥剂放入1空瓶，约占瓶体容积2/3（可多不可少）。②用无色绸缎包严隔板放入干燥剂瓶内，以防干燥剂飞扬。③将蛇毒加入1/3蒸馏水摇匀后，过滤进焙皿器中3毫升，再把它放进干燥瓶。在干燥剂瓶口抹上凡士林，盖上瓶盖密封。④在瓶盖上安装两个活塞，同时注意密封。把连接皮管安装在大活塞和抽气机滴管上，倒旋转片3～5圈，抽出剩油防电机过载。再在抽容器中加入新油2/3。⑤每抽气5～10分钟观察1次，看焙皿器中蛇毒是否流动，若外溢须切断电源，待气泡消后再抽。⑥抽至汁液不流动，再抽3～5分钟。停机静放1天，确保毒汁绝对干燥。静放1天后拔掉连接皮管，扭动小活塞缓缓进气，以防冲起干燥剂，污染毒汁。⑦瓶内气压平衡后，去掉瓶盖，取出焙皿器，用小刀刮下毒汁，装入带色玻璃瓶中，用蜡封好，贴上相应标签，用黑布将瓶包裹严密，放在干燥、通风、阴凉、避光处，可保存10～40年不变质。为了确保干制粗蛇毒保存质量，最好每隔1年左右时间再进行真空干燥1次，以免因回潮而影响蛇毒的质量。

6. 采取蛇毒和制备蛇干毒保存应注意的问题

①无论采用何种采集蛇毒方法都要严格遵守操作规程，动作必须轻快，工作人员要戴上防护眼镜、口罩和橡皮手套等，细心操作，保证采毒质量，谨防蛇伤事故发生。

②捉蛇颈采毒时应注意捉蛇颈的松紧适度，如果捉得过紧，则有碍毒蛇的咬皿动作，并可能使蛇窒息而死亡；若捉颈太松，则有被蛇咬伤的危险，捉蛇颈采毒以让蛇头稍能活动而不妨碍其咬皿动作为限。

③毒液中如混掺有杂物可加适量注射用水稀释，经过离心处理后，再进行真空干燥。一个真空干燥器在同一时间内原则上只能制备一种蛇毒，否则抽气过程中易发生不同种蛇毒相互混杂。

④每个盛毒容器所盛的毒液不宜过多，越浅越好，在大量制备蛇干毒时，毒液容量应不超过 0.3 厘米，否则会影响干燥速度。用作熔封的玻璃管，蛇毒不能装得太满，宜作一次干燥封口，熔封要靠近管端部位进行，以免因玻璃管的温度过高而破坏蛇毒质量。

⑤新鲜蛇毒易溶于水，常温下只保存 1~2 天，如果超过 2 天或遇 100℃ 高温时，毒性会自然消失，所以采集的新鲜毒蛇毒汁必须及时加工贮藏。保存蛇毒时应将不同品种、不同批号蛇毒分批分装，装瓶盖紧，再加胶布封口后置于避光、干燥、低温条件下保存。

此外，蛇毒保管应有专人负责，必须按国家规定的剧毒药管理规定进行保管，应在蛇毒盛器外标明蛇毒的种类、采毒期、重量、备注等，并立专册登记蛇毒进出的详细账目，以备查阅。

● （三）蛇毒的质量鉴别方法 ●

为了确保蛇毒的利用价值，其质量的优劣至为重要。因此，必须要妥善地处理好有关环节，判断蛇毒的质量要求了解蛇毒制备的全过程，并根据其色泽是否纯正，质地是否松脆，或是颗粒的大小和形状等方面初步判断蛇毒的质量优劣。通常判断蛇毒质量须用 5 个项目，必要时要加一个酶的指标，衡量蛇毒质量要各个项目和指标内在联系，且相互关联反映该蛇毒质量。

1. 电泳

各种蛇毒的成分是不同的，在将蛇毒置于聚丙烯酰胺凝胶上时，由于其各组分带电情况不同，它们在电场中的泳动情况亦异，从而各种蛇毒就会显示出自己特殊的电泳区带。据此测可判定真伪或有无混入别的蛇毒。

2. 生物毒力

即小白鼠半数致死量（LD_{50}）。它是将蛇毒配成一定的浓度，注入体重约 20 克的小白鼠体内，能引起 50% 的小白鼠在 1 天内死亡的干毒量。其单位为毫克/千克。分子中的单位毫克是指干蛇毒用量，分母中的千克是指小白鼠体重，均经计算后得出。此值越小表示该种蛇毒的毒力越强。但蛇毒进入小白鼠体内的途径不同，所得 LD_{50} 值也不同。

3. 蛋白质的含量

蛇毒中蛋白质含量达 90% 左右，因此，测定蛇毒中所含蛋白质的百分率即可，百分率愈高品质愈佳。

4. 测定溶解度

以非溶性物质表示，其值越小，品质越好，一般以 0.5% 为宜。

5. 蛇毒中的含水量

蛇毒虽已经干燥，但在正常情况下仍含有一定量的水分。测定毒液中的含水量是以解毒液重量作分母，以解毒液重减去干毒重的差为分子，得出的百分数。若含水量高，说明蛇毒重量有虚假数值。一般规定，含水量不宜高于 5%，以 1%~3% 为佳。

6. 酶活力

酶是生物催化剂。由于大多数酶较敏感，制备蛇毒过程中极易丧失活力。故有时要求测定蛇毒中含有的酶及其活力大小。酶的种类甚多，一般以单位重量的蛇毒中，某一酶具有的活力单位来表示。

衡量蛇毒质量的各项指标都有内在联系，所以在鉴别蛇毒质量时首先要看电泳一项，确定它是否为该种蛇毒，在此前提下，若 LD_{50} 小，即毒力强，说明该毒质量好。而要 LD_{50} 小，一般总以蛋白质含量高、溶解性好、含水量低为综合指标，否则，难以显示其强的毒力。若蛇毒中含水量高，则易使其变质，导致溶解度差、LD_{50} 大、蛋白质浓度低等。此外，蛇毒制备过程中要求精心操作，不能把不同种的蛇毒相混，蛇毒中也不能混有脓液、黏液、微生物、血液和泥沙等。外观上即使未能明显看出，但其质量指标必然有所反映。蛇毒在进入市场前，均需进行以上鉴定，然后定价销售。

八、蛇类标本制作与蛇类鉴别

蛇类标本可以长期保存和供陈列展览用，这对于识别不同品种蛇的外部外部形态和分类教学、从事科学研究及观赏都具有重要意义。

● （一）蛇类标本的制作方法 ●

1. 工具器材和药品

（1）工具器材　大器皿、量具、注射器、塑料或搪瓷盘、白丝线或尼龙线、标本瓶、标签、解剖器（药棉、铅丝、缝线等）。

（2）药品　乙醚、福尔马林、二氧化砷。

2. 蛇类标本的选择与处理

制作蛇类标本要求选用身体完整、鳞片齐全和体型适中的个体作标本制作材料。采集的蛇类标本应及时处理。如用浸透乙醚的棉球（较大的蛇应加大麻醉剂用量），连同标本蛇放置于密闭容器中麻醉，稍待一刻蛇即麻醉处死，蛇不再兴奋挣扎以后将其从密闭容器中取出（取蛇时应戴防护手套，防止蛇未完全麻醉处死冲出容器而发生蛇伤）。标本蛇从容器里取出以后，用清水冲洗蛇体表面的黏液与污物，并对蛇体进行测量，记录其体长、头长、头宽、吻长及鳞片的形状、数目、排列和起棱、色斑等分类鉴别特点及编号、采地、采期、性别等。如果需要检查分析研究其标本食性，还要及时解剖蛇胃，检查胃内容物。

3. 蛇类标本制作方法

蛇类标本主要是浸制标本，大型蛇体标本可制作剥制标本和骨骼标本。现将蛇类的浸制，剥制和骨骼标本的制作技术分别介绍于下。

（1）蛇类浸制标本制作

①整形：蛇类标本采得处死后应及时整形，标本若长时间不整形，蛇躯体僵硬就难以弯曲，给整形带来困难。为了鉴别蛇类品种与有毒蛇和无毒蛇，浸制标本前需用镊子将一个脱脂棉团塞入蛇口腔中，使蛇口腔张开，以便观察其毒牙（沟牙和管牙）和无毒蛇牙的不同点。由于蛇体较长，整形时应按标本瓶的大小容量将蛇整形成盘旋状，蛇头向上，保持蛇生前的自然姿态（图30）。

②防腐固定浸制：为了防止蛇类标本固定后变形，可用白色线扎紧，然后将标本蛇放置到大皿器内，再放入5%福尔马林溶液固定标本。防止蛇体内脏腐烂，对蛇体较大的蛇沿其腹部中央纵划一刀，让浸液渗透到蛇的体腔内；对蛇体较小的蛇可用注射器吸取10%福尔马林溶液注入蛇的体腔内；待固定1周左右时间即可将标本蛇放置到比蛇标本稍大一点的浸制标本瓶内浸制。瓶内放满10%福尔马林溶液，最后盖紧瓶盖，并用石蜡密封瓶口，再在标本瓶外贴上标本标签。标签上印有蛇类名称（中名、学名）、产地、采集日期等项内容。若长期保存标本，浸藏一个时期以后需要换一次浸液。

（2）蛇类剥制标本制作　蛇体较大，容器内浸制困难时，可以将蛇制成剥制标本（图31），制作标本的方法如下：

①蛇皮的剥离与防腐：将采得的标本蛇处死后放置台上

图30　蛇类浸制标本

仰卧伸直，在取蛇时应戴防护手套，蛇体腹面中央纵行剖开长10～15厘米（大型蛇体剖口要适当扩大）的剖口，沿剖口两侧剥至背面，用剪刀将皮内部截为两部分，先把前段逐渐翻转，用解剖刀和小镊子分离皮肉，剥离至头部鼻端为止，在头部的枕孔与颈椎之间截断，并除净附在头骨下侧的肌肉，再挖去眼球和舌头，最后用镊子去除脑髓。再用同样方法翻转剥离后端至尾端。

蛇皮剥离后，将其浸入75%酒精中，1～2天后取出，再浸在水中冲洗2～3小时，待皮肤柔软后取出拭干。然后用干净毛笔沾防腐剂［三氧化二砷（砒霜）2克，明矾粉7克和樟脑1克，混匀共研面后加肥皂30克配成］，在蛇体内侧各处和腔内均匀涂遍防腐剂，尤其颅腔内应多涂一些防腐剂。

194

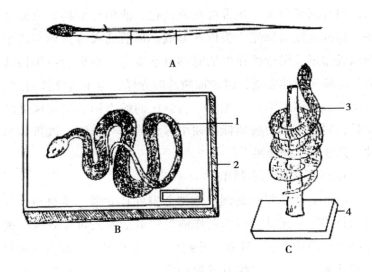

图 31　蛇类剥制标本

A. 蛇铅丝支架的安装；B. 蛇类剥制标本姿态；C. 蛇类剥制标本
姿态

1. 蛇；2. 标本盒；3. 蛇；4. 台板

　　②充填和整形：由于蛇体长，为了装做蛇体标本假体充填方便，可取两段铅丝从标本切口处插入，其中一根铅丝一端插入尾端，待尾部充填后再将另一根铅丝一端插入骨中，两根铅丝的另一端在剖口处相接，并用钳绞合成索。充填时，由剖口处将棉花或细竹绒充填至蛇体躯干部剖口处后，再向头、颈部充填，直至充填饱满，大小粗细与体原来肉体体型相同。若蛇的体表出现凸凹不平现象，可用手稍加以纠正。再将剖口处和口腔中填入少量棉絮后细心缝合。防止鳞片脱落，针口从鳞片下穿入，以隐蔽痕迹。然后将伸出剖口处的两根铅丝分别固定到标本台根上。最后把义眼装嵌于眼眶内，

再用竹片削成分叉，蛇舌可染成红色，或用红塑料剪成分叉蛇舌形插入蛇口原蛇舌头位置即成。最后还需将其标本置于通风处整形，保持蛇在生活时的自然姿态。整形后再用稀薄的清漆涂于躯体表面，以增加鳞片的光泽，但不宜涂漆过多，以免失去蛇体鳞原有的光泽。剥制成的蛇类标本放通风处晾干后，置于干燥的玻璃标本橱中保存或陈列，橱中放进樟脑块，防止标本被虫蛀。

4. 蛇类骨骼标本制作

（1）标本选择和处理 选取新鲜蛇作骨骼标本材料，并要求骨骼完整无缺。标本制作前将选取活蛇放置容器内（捕蛇必须戴防护手套，注意防止蛇伤），将乙醚置于容器内密封将蛇处死，然后取出蛇放置解剖盘内，用剪刀从蛇腹部中央剪开至距蛇头和蛇尾还有相当距离时停止，除其内脏后剥皮。剥皮先从中央剪成两段，向头尾两端退脱，当退至口部嘴唇再往下剪时要细心，切勿损伤头骨；当剥皮至尾部时不能用力过猛，防止扯断尾部，然后再顺脊椎两侧用小刀和镊子慢慢进行剔除肌肉，切不可损伤髓棘和两旁的肋骨。

（2）腐蚀和脱脂 当蛇骨骼上附着肌肉大部分被剔除以后，放入2%～3%氢氧化钾溶液内浸泡1天左右注意检查。若发现骨骼有的残留肌肉有溶化现象，应及时取出放至清水中冲洗，然后再放入1%～2%氢氧化钾溶液内浸泡。由于浸泡骨骼上的附存肌肉比前次少，所以后1次浸液氢氧化钾溶液浓度要比第1次浸液浓度要小一些，待到浸液中浸泡的蛇骨骼上附着的肌肉全部剔除就转到脱脂工作。脱脂方法是将蛇骨骼放至3%氢氧化钾溶液中，1～2天即可脱去脂肪。

（3）漂白 蛇的骨骼标本漂白是将蛇骨骼放到 3% 氢氧化钾溶液中浸泡 1 ~ 2 天，或浸入 0.5% ~ 0.8% 过氧化钠中 1 ~ 4 天进行漂白，待蛇骨骼洁白后取出立即放入清水中洗净，然后进行整形。

（4）整形和装架 用一根钢丝从头端穿至尾端，将蛇脊椎（蛇骨主干部分）穿连起来，然后将其整形成蛇生活时的姿态。若有个别椎骨散掉，可用骨胶粘好，最后把整过形的完整蛇骨骼标本用铁丝卡子固定在托板上（图 32），然后装进玻璃盒内，以便于观察。为了防止虫蛀骨骼标本，使其长期保存，盒内需放置樟脑块。

图 32 蛇类骨骼标本的安装

1. 带玻璃面的盒；2. 铁丝

● （二）蛇类鉴别方法 ●

蛇类的种类很多。据统计，现今世界生活的蛇类约有 2 800 种，其中，毒蛇约 650 种，这些蛇分别隶属 15 科、400 属左右。我国已知有 8 科、64 属、240 种。其中毒蛇有 58 种，关于蛇类的分类鉴别，在较高级的分类单元（如科、亚科等），主要是依据骨骼和牙齿的构造；在较低级的分类单元（如属、种等），则多以鳞片、色斑以及其他外部器官等形态

特征的差异为依据。普遍采用鉴别蛇的属种方法是依据蛇的
不同属种鳞片形状、数目、排列状况、体鳞的形状和行数以
及肛鳞、尾下鳞的数目等情况。因为蛇类不同属种的鳞片差
异相对地较为显著和稳定，而在同一种内的不同个体则较为
一致，仅有较小的个体变异。我国主要经济蛇种的分类鉴别
见本书中国主要经济蛇种的分类和形态特征。

　　一般分类采用鉴别蛇属种的依据是蛇类鳞片形状、数目、
排列和起棱情况等特征。因为蛇类不同属种的头鳞、体鳞和
尾鳞各有不同，且鳞片差异相对地较为显著和稳定，而在同
一种内的不同个体则较为一致，仅有较少的个体变异。因而
蛇的鳞被特征为鉴别蛇属种的依据。

第十二章 毒蛇咬伤的防治

　　蛇类是爬行动物中数量最多的一个类群，目前已发现世界上现存蛇类约有蛇 2 600 种，其中毒蛇约 650 种。我国也是产蛇最多的国家之一，据统计，我国大约有蛇 173 种，毒蛇 47 种。对人畜毒害最大的剧毒蛇有眼镜蛇、眼镜王蛇、银环蛇、金环蛇、蝰蛇、竹叶青、蝮蛇、尖吻蝮、烙铁头、海蛇等 10 种。产蛇的地方是热带和亚热带，在我国蛇类大多数分布于南方各地，以福建、海南、广东、广西、云南、贵州、台湾等地产蛇最多，很多人畜受到蛇的威胁。若有不慎被毒蛇咬伤后，蛇毒可随血液或经淋巴液散布人畜身体，如不及时医治，就能使人畜中毒而死。所以有些人一提起毒蛇就害怕，其实，大多数毒蛇是怕人的，遇到人或受惊时就会逃跑，除眼镜王蛇和正在孵仔的眼镜蛇有时会主动袭击人之外，大多数是由于人畜不慎触到蛇体或逼近蛇时才会被毒蛇咬伤。只要掌握毒蛇不同种类的生活环境、生活习性及其活动规律，采取相应预防蛇伤措施，不仅可以预防人畜被毒蛇咬伤，而且可以开发利用蛇类资源，化害为益，变毒为药，让毒蛇更好地为人类造福。

第一节　蛇伤的防护

　　蛇类是变温动物，不能自行调节体温，怕干寒，喜湿热，因此多栖居于热带和亚热带地区，我国蛇类大多数分布于南方各省区。就生态类型而言，有陆栖、水生、树栖和穴居种类之分。它们一般都在4～10月活动，尤其以6～9月而且多在晚间或凌晨活动。蛇类的活动与分布具有一定的规律性，例如，金环蛇、银环蛇、蝮蛇和蝰蛇等常在平原和丘陵地区栖居，白天很少活动，多于夜间在水沟、塘边、路边觅食、活动；而尖吻蝮、烙铁头、眼镜王蛇等主要在山区栖居生活；尖吻蝮、竹叶青和烙铁头多在夜晚活动觅食，而且竹叶青和烙铁头还有攀树缠藤的特性，眼镜王蛇多在白天活动觅食，而眼镜蛇的活动范围很广泛，无论山区、丘陵或平原都有它的踪迹。此外，蝮亚科的尖吻蝮与蝮蛇具颊窝，有夜间扑火的习性。从活动地区来看，沿海地区到海拔1 000米左右地区的毒蛇种类最多。在这些地区的毒蛇往往集中在靠近耕作区的郊野。

　　只要掌握毒蛇的特性和了解它们的活动规律，采取相应的防护措施，毒蛇咬伤是可以预防的，所以俗话说："知蛇不怕蛇"。在多蛇的地区野外劳动或护林、勘察入山林时，两人同行可以相互照应和及时处理蛇伤。最好先用工具或棍棒打草惊蛇，因为大多数蛇是怕人的，所以这样可以使蛇惊逃。为了避免被蛇咬伤，应穿长袖衣裤、高帮皮鞋、穿山袜、戴笠帽；在多蛇地区的晚上行走要带手电和棍棒等；还应注意周围岩石、草丛里和树枝上有没有蛇。因为很多蛇的体色与周围环境的颜色基本相同，很难发现。另外，打得半死不活的毒蛇仍能反扑，还可以咬人致死。因为蛇类属于低等脊椎动物，即使头颈部和躯干断离，在一定时间内头部仍有一些基本的反射活动，如咬、吞咽、毒腺分泌仍然存在。被断头的毒蛇咬人后，其毒液仍可注入人体，因此打蛇应打死。打蛇主要打蛇"七寸"处，因为80~90厘米长的蛇，距蛇头"七寸"的地方正是心脏等要害处。不同种类、大小的蛇，心脏位置也不完全相同，需要灵活掌握。有人采用一些雄黄、蛇见愁、徐长卿、天南星、七叶一枝花等驱蛇和治疗毒蛇咬伤，有的则用有一股特殊气味的中药雄黄配加等量的云香精涂到手上或足上，以为毒蛇就不敢接近，其实这是很不可靠的预防方法，因为不管涂药与否，毒蛇咬人都是它的自卫本能。只要人们不注意而踩到或接触蛇时，毒蛇都会咬伤人的。因此在蛇多的地区，宜随身携带一些防护蛇伤药品及布带、刀片、碘酒、高锰酸钾、酒精及治疗蛇伤的中成药等，以备急需。

　　在野外遇到毒蛇时不要惊慌，也不要惊动它，应该立即走开。一旦你惊动了它之后逃跑，就等于为毒蛇提供了最准确的进攻方向，毒蛇反而会在后面"追人"。如果被蛇追赶，不应沿直线逃跑，可以采用向左拐弯走一段后再向右拐弯走一段的"之"字形路线，不断变换方向，或向光滑的地面跑去，它就不会追到人，这是因为蛇的爬行速度比人跑得慢，同时蛇的身体细长，拐弯比较难，蛇在光滑地面爬行的速度慢。如遇毒蛇，我们可以站在原地，注视它的来势，向左右避开。然后找机会用蒙罩法或按压法捕捉，或者顺手拾起棍棒等将毒蛇打死。遇见眼镜蛇、眼镜王蛇等毒蛇时，切勿面对蛇头，并应保持一定距离，以防止毒液喷入眼内而造成中毒。一旦发生这种事故，必须立即用清水或生理盐水反复冲洗，最好用结晶胰蛋白酸 100～200 单位，加生理盐水 10～20 毫升溶解后，滴入或放洗眼杯内浸泡眼睛，这样可以将蛇毒破坏，避免中毒。为了预防毒蛇常因觅食鼠类进入住宅，因此要铲除野草，随时清理垃圾，搞好环境卫生，填塞房前屋后的墙基洞穴，以减少毒蛇的藏身之处。如在多蛇地区露营时，帐篷的四周要铲除杂草，修整干净，并且撒上一些石灰或用雄黄加等量的云香精配制成驱蛇药。在毒蛇较多的地区，一定要掌握捕蛇方法或蛇伤急救措施，做好个人防护工作以减少和避免发生事故。

第二节　蛇伤中毒症状

一、毒虫咬伤和蛇伤的鉴别方法

在夜间或在茂密的草丛中往往会被一些蜈蚣、毒蜂、蝎子、山蚂蟥、毒蜘蛛、毛棘虫等一些毒虫咬伤或刺伤，引起剧烈的局部反应，虽然大多数伤者全身中毒的反应较轻，但有的因精神过度紧张，又加上伤者未能看到毒虫，故误认为是蛇伤。以下为常用鉴别毒虫咬伤和蛇伤的方法。

一般毒虫咬伤或刺伤的伤痕较小，全身症状轻或无。如蜈蚣咬伤虽然局部伤口周围红肿，可有组织坏死现象，剧烈疼痛，但蜈蚣的伤痕小而浅，多呈楔状，伤痕间距甚近，常因局部肿胀而不易看出，无下颏牙痕，伤口不麻木，大多数无全身症状。被毒蜂伤刺无牙痕，有时有一个微小的蜇伤点，伤口局部痛、肿，无麻木感，多个点状伤口严重者有寒战、发热、头昏等全身症状，甚至发生休克及肾功能衰竭；被蝎刺伤局部痛、麻，中毒后肌肉紧张、疼痛，常有流泪及流涎反应，严重者出现烦躁不安、抽搐等症状。被山蚂蟥咬伤，伤口难以止血、痒，但不肿痛，无麻木感，全身无中毒反应。被毒蜘蛛螫伤的伤口有剧痛、麻木感，可有组织坏死，中毒时有肌肉痉挛症状，但全身症状轻、无典型蛇咬伤痕；被毛棘虫螫伤者出现片状皮肤损伤，痒而不痛，出现炎症，但也不见典型蛇咬的牙痕，被无毒蛇咬伤者，局部伤口只有轻微疼痛或有少许出血，但伤口疼痛约 10 分钟以后，会慢慢地减轻或消失，肢体无麻木感，出血不多且很快会止血结痂，伤口周围没有肿胀或肿胀很轻，无水疱、血疱及组织坏死现象，局部淋巴肿大。同时，无毒蛇无毒牙，咬伤的齿痕浅小，个数较多，有 4 行或 2 行锯齿状牙痕，呈弧形排列，另外，咬伤的伤口深浅、颜色与毒虫和毒蛇不同，根据毒虫和无毒蛇咬伤的一般特点就能与毒蛇咬伤加以区别。

二、毒蛇咬伤的鉴别及中毒反应

人畜被蛇咬伤的诊断须明确属于哪种蛇咬伤后才能对症下药。因此，人畜被蛇咬伤后首先要判别那蛇是不是毒蛇，可以从蛇的外部形态分辨出是什么蛇、有没有毒。但在不认识蛇或没有见到蛇咬伤的情况下，确诊就比较困难，必须根据被蛇咬伤处蛇的牙痕、伤口局部变化和全身症状来加以鉴别。若被毒蛇咬伤，其伤口局部留有一对毒牙痕或顶端有牙痕特别粗和深的两排牙痕（图 33）。它与无毒蛇咬伤后留下的细而成排的锯齿状牙痕有明显的不同，这是由于毒蛇的种类和毒蛇咬人时的状态不同等多种因素造成的。

例如，管牙类的毒蛇两个毒牙活动可以自由任意控制，咬人畜时可将两个毒牙同时竖立或只竖立其中的一个，所以有时出现一个牙痕。前毒牙的毒蛇在管牙或前沟牙的后面长有副牙，例如眼镜蛇的毒牙一般为5对，个别眼镜蛇毒牙有6对，各对副毒牙的形状、大小也随其成熟度而不同。当第一副牙尚未牢固附着在上颌骨的牙窝上时，牙隔把第一副牙流入孔遮盖着。因此，毒液只能流入孔，此时被咬着的伤口牙痕仅留1个或2个。当第一副牙牢固附着于上颌骨牙窝时，第一副毒牙也变成毒牙，牙隔就位于两毒牙之间，此时，毒液就可同时进入两毒牙的流入孔，两个毒牙均能咬伤人畜和动物，并注入毒液，这时被咬者的伤口牙痕可能出现3个或4个，被咬者中毒程度比仅有2个或1个牙痕者更严重。被毒蛇咬后，伤口局部的红、肿、热、痛症状也比较严重。当然，有被某些神经毒毒蛇咬的伤口红、肿、热、痛等症状也不明显。因此，蛇咬伤口局部症状的严重与否，不是判断有毒与无毒的重要依据。而无毒蛇咬伤的伤口局部留有4行均匀而细小的牙痕（图33），伤口出血不多，且很快就会止血结痂，周围没有肿胀或仅有轻微红肿，可以确定不是毒蛇的牙痕而是无毒蛇的牙痕。

人畜被毒蛇咬伤确诊是被何种毒蛇咬伤还需根据毒蛇咬伤牙痕距离、伤口形态及被咬伤者出现的中毒症状和根据抗蛇类毒血清针对性很强的蛇药作出综合的判断。因为不同种类毒蛇咬伤牙痕有不同特点，牙痕间距离随毒蛇种类和大小

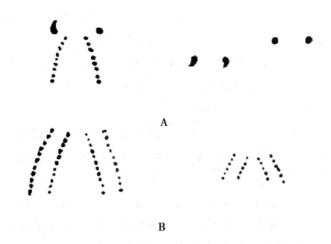

A

B

图 33　毒蛇与无毒蛇的牙痕

A. 毒蛇大多留有 2 个大而深的毒牙齿痕；B. 无毒蛇为
4 行细小而均匀的齿痕

而不同。例如，银环蛇毒牙距离 0.5～1.5 厘米，伤口呈撕裂
伤；金环蛇毒牙距离 0.8～1.6 厘米，伤口周围皮疹外观似荔
枝状；眼镜蛇毒牙距离 1.0～2.0 厘米，伤口很快闭合变为黑
色；眼镜王蛇毒牙距离1.9～3.0 厘米，伤口较大而深，伤口
周围肿胀明显；尖吻蝮毒牙距离 1.5～3.5 厘米，牙距大，伤
口出血多；蝮蛇毒牙距离 0.5～1.5 厘米，伤口距离小，伤口
深而清晰；蝰蛇毒牙距离1.0～1.6 厘米，伤口深黑色或流血；
竹叶青毒牙距离 0.5～1.2 厘米，伤口有血迹；烙铁头毒牙距
离 0.8～1.6 厘米，伤口紫红色见有渗血；海蛇咬伤后常见有
2 个毒牙痕，距离 0.7～0.8 厘米，大者可达 1 厘米。但是，
海蛇的上颚骨细长，腹面着生毒牙和普通牙，普通牙较多且
小于毒牙，所以海蛇的完全牙痕和无毒蛇完全咬痕很相似。

由于被蛇咬伤的伤口有时因局部肿胀明显或者被咬者就医前做过局部处理或伤口发生感染等情况，伤口可能模糊不清，在检查蛇咬伤口牙痕时，应将伤口冲洗干净后再进行仔细检查。此外，蛇大放毒量多，中毒程度也较重，在辨别牙痕初步判断为何种毒蛇咬伤时也要考虑这些情况。

因蛇类不同，被咬伤后有不同的症状表现。无毒蛇咬伤后伤口一般不很痛，疼痛范围不扩展，且痛感一般在10分钟后逐渐减轻，最后消失。局部可发生有些红肿，伤口只有少量出血，但很快止血结痂，且无头晕、胸闷、血压下降、昏倒、伤口肿胀范围扩大等全身多种中毒症状。但也有无毒蛇如赤链蛇咬伤后局部有灼热痛感、肿胀的；也有由于精神高度紧张而发生头晕甚至昏倒的，但休息片刻就会复原，其局部蛇伤症状很快就可缓解消失。这与毒蛇咬伤出现一系列的中毒症状有着显然不同。

毒蛇在蛇头两侧眼后、口角上方都有一对毒腺，里面充满毒液，其形状、大小随蛇的种类和蛇体的大小各不相同。同种毒蛇，蛇体愈大，毒腺的体积也愈大，所贮的毒液也愈多，分泌的毒液量也就相应较多。毒蛇中管牙类与前沟牙类毒蛇的毒腺比较发达。排毒导管是连接毒牙和毒腺的一根腺管，当毒蛇咬人与动物时，毒腺受挤压迫使其中毒液迅速地沿排毒导管，流经毒牙的牙管或牙沟排出，注入被咬人与动物体内，蛇毒可随血流或经淋巴液散布人与动物全身而导致一系列的中毒症状。

在毒蛇咬人与动物体后分泌的毒素中含有多种成分，故毒蛇咬伤中毒的毒理作用是很复杂的。目前，已将蛇毒毒性成分分离提纯的有神经毒素、心脏毒素、凝血毒素、出血毒素、磷脂酶 A 及其他酶等。在毒蛇分泌的毒素中，血液循环毒素和神经毒素及混合毒素最为多见。我国中医对于上述 3 种蛇毒，通俗称谓为"火毒""风毒""风火毒"。

● （一） 血循（即火毒）的毒蛇 ●

　　血循（即火毒）的毒蛇如尖吻蝮、竹叶青蛇、蝰蛇、烙铁头蛇等的蛇毒会快速进入人体的血液循环，其毒性除对骨骼肌造成损害外，主要造成心肌损害，作用于心脏时会使心肌缺血而导致心力衰竭，重者会引起死亡。作用于血管时导致血管扩张、通透性增大，血液从血管内渗到周围组织中，使咬伤者血压下降，并出现肾功能衰竭、循环衰竭等表现。局部症状明显，伤口剧烈疼痛、红肿、渗血等，伤肢肿胀麻木、活动障碍等。血循毒（火毒）毒素中毒由于潜伏期短，局部症状严重，造成的机体损害往往持续时间较长，而且常留有后遗症。但易被早期发现，若能抢救及时有效，则能挽回患者的生命。

● （二） 神经毒（即风毒）的毒蛇 ●

　　神经毒（即风毒）的毒蛇如金环蛇，银环蛇、海蛇等的毒液进入人与动物体内后其毒性主要迅速作用于支配肌肉运动的神经与肌肉接头上，使肌肉麻痹、呼吸肌瘫痪无力。伤口局部症状轻微，并无明显的红肿热痛，潜伏期长，故被它咬伤者不易引起注意，但神经毒素吸收迅速，发作后出现全身症状，来得快，大约 0.5~1 小时便出现头部小肌麻痹，随后渐累及全身，表现为周身不适、肢体无力、视力模糊、眼睑下垂、声音嘶哑，说话和吞咽困难，最后因呼吸神经麻痹而引起死亡。若中毒者能耐过1~2天危险期，症状缓解，则大多可痊愈。

●（三）混合毒（即风火毒）的毒蛇●

混合毒（即风火毒）的毒蛇如眼镜蛇、眼镜王蛇、蝮蛇等，其毒液对被咬者神经系统和血液循环系统同时发生损害，出现风毒和火毒两种症状，其病情发展快速而且凶险，作用于血管会破坏血管内皮细胞导致出血；作用于心脏会损害心肌细胞导致心肌缺血而引起死亡；作用于神经系统会抑制呼吸神经，引起呼吸肌麻痹而导致死亡。如被蝮蛇蛇咬后，有的病人既出现外周性的呼吸麻痹，又可同时出现血色素尿。

蛇毒引起的中毒症状，其轻重程度与多种因素有关：①与毒蛇蛇毒的种类有关，一般说，毒蛇毒力越强，引起的中毒症状越明显；②与蛇体的大小有关，一般说蛇体越健壮，代谢旺盛和长久未进食，则毒腺分泌的毒液量越多，中毒症状越严重；③与咬伤的部位有关，伤口越靠近中枢和血循环丰富的部位如咬伤血管或重要穴位，则危害越大，中毒症状越严重；④与伤口深度有关，伤口越深，中毒症状越严重；⑤与伤者的身体大小有关，伤者身体越瘦小，中毒的症状就越严重；⑥与个体对蛇毒的敏感性高低有关，个体对蛇毒的敏感性越高，则中毒的症状也越严重。相反，蛇类不是剧毒蛇且蛇体细小，被咬伤者体大而壮，且咬伤的部位在肢体末端等，则会减轻机体的中毒症状。但蛇伤中毒症状的严重程度是相对而言的。认识与蛇伤中毒病状严重程度相关的因素，可在评价机体中毒症状时参考。另外，若被毒蛇咬伤后惊慌失措奔跑，或患有心、肺、肝、肾疾病者，或是为过敏体质，或年幼、年老及孕妇，则危害大。有毒爬行类动物的毒液成分及引起的中毒反应见表6。

表6　有毒爬行动物的毒液成分及引起的中毒反应

化合物种类	所具有毒爬行类动物种类	引起中毒反应
蛋白酶	所有有毒爬行类，特别是蛇	组织坏死
透明质酸酶	所有有毒爬行类动物	增大组织透性，促使其他毒素成分穿过组织
L-氨基酸氧化酶	很多蛇类，但一些蝰蛇、眼镜蛇和海蛇不具有	广泛损坏细胞基质，引起大片组织坏死
胆碱酯酶	眼镜蛇最多，可能也存在于海蛇，蝰蛇含量低	不清楚，与眼镜蛇毒所引起的肌肉损坏无关
磷脂酶	所有的有毒爬行类动物	损害细胞膜
磷酸脂酶	所有的有毒爬行类动物	损害 ATP 等高能磷酸化合物
多肽	眼镜蛇及海蛇	阻碍神经冲动的传递

三、蛇毒对机体的作用

毒蛇的毒液中毒素成分对它本身无感受性，但可使人畜或其他有感受性的动物中毒。蛇毒所含几种主要毒素主要由神经性毒及出血性毒素组成，每种毒蛇的毒素含量不同，对人畜或动物生理上作用也不相同，如沟牙类的毒蛇主要含神经性毒素，主要作用于人畜或动物的中枢神经系统，尤其作用于延脑的呼吸中枢，可使咬伤中毒者呼吸减弱甚至停止，对脊神经及脊神经节细胞有麻痹作用。管牙类的毒蛇主要含有出血性毒素、凝血性毒素和细胞性毒素。出血性毒素主要破坏血管内皮细胞，因而造成血细胞和血浆向外渗出；凝血性毒素能使血管内的血液产生凝集现象引起血栓，阻碍血液循环；抗凝血性毒素主要破坏纤维蛋白原，阻碍血液的凝结。破坏各种消化酶的毒素，可产生蛋白分解酶、抗胆碱酯酶等，破坏人体内各种消化酶。产生抗杀菌物质的毒素能使病者容易感染病菌，因而可并发其他疾病。蛇毒对机体产生的毒害作用广泛，有局部损害作用和全身损害作用。

● （一） 局部作用 ●

被有些毒蛇咬伤后局部发生疼痛、肿胀皮肤淤斑、伤口及周围出现水疱、血疱以及皮肤黏膜出血组织坏死等病理变化。如被竹叶青、尖吻蝮、烙铁头等毒蛇咬伤后，局部发生剧烈疼痛，一定时间后疼痛减轻或出现麻木感。这是由于此类蛇的蛇毒成分直接刺激感觉神经末梢所致。但被金环蛇、银环蛇咬伤后，一般无疼痛感或轻微感到疼痛，这是由于此类蛇毒具有抑制痛觉感受器的特性。海蛇咬伤 1～2 小时后，伤口肌肉发生中度到重度疼痛，这是因为此类蛇毒不是直接致痛物质，需要经过一定时间释放某种物质而致痛。可能由于细胞内的水、腺苷酸（如三磷酸腺苷等）、酶类等逸出细胞外、刺激感觉神经末梢所致。血循环毒的毒蛇毒液会快速进入人体血液循环，被血循毒类毒蛇咬伤数分钟后即出现肿胀，是由于蛇毒中的蛋白酶类、磷脂酶 A 等成分破坏血管内皮及组织细胞，同时释放组胺、5－羟色胺、徐缓激肽等物质的共同作用，透明质酸酶也能促使肿胀蔓延。导致肿胀是由于血液或血浆溢出血管外，淋巴液停滞于组织间隙而引起局部循环障碍而形成的。常见于尖吻蝮、眼镜蛇、蝰蛇、竹叶青等蛇伤，出现水疱、血疱及组织坏死发生的原理同肿胀，也是因为蛋白质水解酶、磷脂酶 A 等成分的毒害作用。海蛇毒能直接作用于横纹肌，可见细胞浸润，肌纤维变性、坏死、溶解等病理变化。血循毒的蛇毒能快速进入血液循环，作用于血管伤口导致出血，尤以尖吻蝮咬伤的出血不易制止。这是由于此类蛇毒中的出血毒素、蛋白酶类破坏血管所致，而神经毒的毒蛇毒则很少大量出血。血循环毒作用于心脏时，使心肌缺血而导致心力衰竭，重者会引起死亡。

● （二）　全身作用 ●

神经毒类蛇伤多见局部有微痒、刺痛、触压痛敏感等感觉，局部或向心性扩散，进而出现全身肌肉疼痛、骨与关节酸痛、全身有麻木感。发生此类症状的主要原因是蛇毒直接作用于感觉神经末梢，与介质的释放有关，肌肉麻痹是由于神经毒素具有箭毒样作用，其次是蛇毒直接作用于肌肉及释放徐缓激肽等物质，导致横纹肌松弛或麻痹，逐渐引起运动障碍甚至瘫痪，最后膈肌运动障碍导致停止呼吸而死亡。神经毒类产生呼吸麻痹主要是由于此类蛇毒通过箭毒样作用阻断神经肌肉接头的冲动传导，使呼吸肌麻痹。呼吸运动障碍，是这种外周性呼吸麻痹致死的主要原因。此类蛇毒通过直接作用于脑神经或影响介质释放等途径，可出现不同程度的脑神经症状，尤以吞咽神经中毒症状为重要特征性的表现。

血循环类蛇毒对心血管系统的作用，如心脏毒素及其他有毒成分会使心肌缺氧，这是发生心力衰竭的主要原因。多种蛇毒的早期血压下降及休克主要是外周毛细毛细血管的扩张所引起，严重时导致休克。血循环毒作用于血管时还会引起出血症状，尤以尖吻蝮咬伤出血往往不易制止而导致死亡。

这是此类蛇毒中的出血毒素蛋白酶类破坏血管所致。而且蛇毒中具有凝血酶样或凝血活素样作用的氨基酸酯酶产生的血管内凝血，消耗大量凝血因子，特别是纤维蛋白原转变成纤维蛋白，形成微血块沉积在血管壁上，使血浆中纤维蛋白原大量减少以致耗竭，因而形成纤维蛋白综合征而使血液失凝。血循类蛇伤常见有溶血症状，这是蛇毒中的溶血素直接或间接溶解红细胞的原因。此外，蛇毒还能损害肝细胞，引起肝肿大、肝区压痛；损害肾小管，出现血尿、尿中蛋白与管型等病理变化。由于蛇毒是成分复杂的化合物，不同种的毒蛇分泌不同组成及不同性质的蛇毒，应对蛇伤采取综合性抢救措施。

● （三）蛇伤中毒程度的分型 ●

临床医生在针对患者被毒蛇咬伤的中毒程度制订治疗方案时，应能动地辨证施治。蛇伤病情分型，由于各类蛇伤的症状还有交叉现象，目前还存在争论。在临床中，一般把各种毒蛇咬伤的中毒程度划分为轻型、中型、重型和危型4级，1973年全国蛇伤会议规定蛇伤病分级标准，介绍如下。

1. 轻型

局部症状无组织损坏，一般出现头晕、眼花、心悸、痛觉、低热、神经、紧张、焦虑、恐惧不安等症状；活动自如，但体软无力，上腹不适；恶心腹痛；呼吸自如，血压正常或偏高，脉搏正常或偏高，心跳正常或偏快；血检正常，白细胞偏高。

2. 中型

局部水疱、血疱、淤斑，表浅组织坏死，一般出现眩晕、发热、反应迟钝、嗜睡但神志清醒、眼睑下垂、复视、肢体麻痹行动困难、呕吐、肠鸣亢进、胸闷气促、血压偏高或偏低、心率快、溶血、出血等症状。

3. 重型

局部深层组织破坏导致功能障碍，畸形、截肢，一般出现高烧，烦躁不安，神志不清、昏迷，舌咽麻痹，吞咽困难等症状，病理反射为胃肠胀气、吐血、柏油样大便。呼吸困难，表浅不规则紫绀，血压过高（大于160毫米汞柱）或过低（小于90毫米汞柱），波动不定，心率过速（大于140毫米汞柱）或过缓（小于60毫米汞柱），心律不齐，传导阻滞，血检黄疸溶纤维蛋白症。

4. 危型

一般症状高热、昏迷、瘫痪。深浅反射均消失。小便失禁，肺水肿，呼吸停止。休克（大于70毫米汞柱），脉搏骤停，心衰，广泛大量出血。

我国主要毒蛇咬伤中毒症状诊见表7。

表7　被毒蛇咬伤中毒症状

毒蛇名称	局部的中毒症状	全身中毒症状
银环蛇	伤口一般不红，不肿，不痛，不出血。仅有微痒与局部有麻木感	头晕、头痛、眼花、胸闷，气促、恶心，腹痛。咽喉不适。舌头不灵、张口困难，吞咽困难，全身肌肉关节酸痛。肌肉松弛。四肢无力。病势恶化，出现流涎、牙关紧闭，视物模糊，眼睑下垂等，但神志清楚。严重时出现瞳孔缩小，对光反射迟钝，失音、呼吸困难，全身瘫痪、窒息

（续表）

毒蛇名称	局部的中毒症状	全身中毒症状
金环蛇	局部有轻度肿胀，伤口痛或轻微疼痛，有时有麻木感，牙痕周围皮肤呈鸡皮样的小疙瘩，伤口附近淋巴结肿大	一般咬伤口 1～4 小时出现全身症状，出现和发展较慢，病程较长，主要表现全身不适、胸闷、全身筋骨疼痛、吞咽困难、牙关紧闭、全身肌肉瘫痪，最后呼吸麻痹，循环衰竭而死亡
海蛇	被咬者有瞬时刺痛，伤口有麻木感，局部无急性炎症反应，伤口不红、不肿、不痛、不痒	全身中毒一般在咬伤 3～5 小时之后出现症状，眼睑下垂、视力模糊、吞咽和语言均困难。由于海蛇对被咬伤者横纹肌的损害较严重，所以全身筋骨和肌肉酸痛较明显，尿呈深褐色（肌红蛋白尿），严重者引起急性肾功能衰竭或心力衰竭。多在伤后 2～3 天死亡
竹叶青	伤口灼痛，肿胀迅速向上蔓延，伤口周围和患肢肿胀处皮肤发亮，局部早期出现水疱、血疱较多，并伴有附近淋巴结肿痛。严重者局部有瘀斑	有时被咬者头晕、头痛、眼花、恶心呕吐、腹痛、腹胀、黏膜出血、吐血、便血等，严重者言语不清、疼痛、严重时可导致昏厥性休克。通常中毒症状比其他毒蛇咬伤中毒症状轻，伤亡率较低，若咬伤头颈部，可造成呼吸困难而窒息
烙铁头	局部疼痛似烙，伤口周围及患肢肿胀严重，有时出现血疱和淤斑，常伴有附近淋巴结肿痛	常有头晕，视力模糊、恶心、呕吐、嗜睡等症状。严重者牙龈出血、鼻及内脏出血、便血、血压下降、四肢冰冷、休克昏迷，最后因急性肾功能和急性循环衰竭而死亡
尖吻蝮	伤口并有紫黑色斑块，出血不止，肿胀严重，水疱、血疱较多、较大，甚至有较大、较深的组织坏死和溃疡，附近淋巴结肿胀	全身不适，畏寒发热，心悸胸闷，气促、视力模糊，严重者烦躁不安，七窍流血和广泛性皮下出血，严重出现血压下降、心律紊乱、尿少尿闭，神志不清，手足冰凉，休克以至昏迷，最后因急性循环衰竭和急性肾功能衰竭而死亡

（续表）

毒蛇名称	局部的中毒症状	全身中毒症状
蝰蛇	伤口灼痛，出血较多或出血不止，伤口发黑，附近有大量水疱、血疱和淤斑，局部组织坏死和溃疡。局部红肿、发热、淋巴管炎或淋巴结肿大	病势迅猛，病程持久，畏寒发热、胸闷、心悸头晕、头痛、恶心、呕吐、全身皮肤及肌肉疼痛，全身的散在性出血性紫癜，牙龈、鼻、眼出血和吐血、便血、尿血等现象。心脏机能紊乱并出现心律不齐，严重者发生血压下降，面色苍白，手足厥冷，尿少尿闭、蛋白尿及管型尿，休克、昏迷。亦可出现贫血及黄疸，最后因急性肾功能衰竭、急性衰竭而死亡
蝮蛇	伤口有肿痛及麻木感，出血不多，常有少量黄色黏液渗出，伤口周围有时出现水疱、血疱和痘斑，常伴有附近淋巴结肿痛。儿童皮下多有皮下出血，呈乌青块	早期视力模糊、眼睑下垂、复视明显，严重者出现吞咽困难，颈项强直，全身肌肉酸痛，胸闷气促，心跳加快，血压下降，心律紊乱，尿少、尿液呈深色，最后因休克、呼吸麻痹、急性肾功能衰竭而死亡
眼镜蛇	红肿严重。伤口疼痛、麻木，流血不多，很快闭合，发黑，周围常有水疱、血疱及组织坏死，易成溃疡，常伴有淋巴管炎	常有头晕、视力模糊、心悸、胸闷、恶心、呕吐、腹痛、腹泻、全身不适、畏寒发热、咽喉肿痛、吞咽困难，严重者出现牙关紧闭，吸气困难，瞳孔缩小、口吐白沫、血压下降。休克昏迷，死前常有抽搐，咬伤后2天内死亡
眼镜王蛇	局部中毒症状与眼镜蛇咬伤者出现的局部中毒症状相似，但唯水疱、血疱及组织坏死少见	全身的中毒症状，与眼镜蛇咬伤者出现的全身症状很相似，但发病急而严重，一般中毒后10~20分钟内出现头晕、眼花、视物不清，眼睑下垂、头痛、全身乏力、流涎、语言障碍、吞咽困难、呼吸麻痹、血压突然下降、心跳微弱，神志不清，手足厥冷，休克、昏迷、抽搐，多在1~2小时内死亡

第三节　蛇伤急救与治疗

当人畜被毒蛇咬伤后，蛇毒由伤口进入血液随血流或淋巴迅速扩散于人畜机体；蛇毒素中血液循环毒素和神经毒素的毒害作用，使被咬的人或动物中毒。实验表明，蛇毒注入动物体内3分钟，被吸收的蛇毒即可达到致死量。因此，发生蛇伤后要尽快采取阻止蛇毒在机体内扩散、排出蛇毒和破坏蛇毒的紧急措施。被毒蛇咬伤后，应及时按以下急救方法处理并采用局部和全身治疗措施治疗，以挽救患者的生命。

一、限流

被毒蛇咬伤后，蛇毒是随血液和淋巴液的循环吸收的，因此首先要阻止或减少蛇毒素在机体内扩散和吸收。具体措施是：蛇咬伤后应保持镇静，减少活动，行走要缓慢，切忌奔跑，去医院治疗时最好由别人运送。因为剧烈的活动能使血液循环加快，加速蛇伤者机体对蛇毒素的吸收和扩散，加重中毒症状。为了阻止或减少蛇毒素在机体的扩散与吸收，必须在被毒蛇咬伤后2~3分钟内迅速用止血带或手帕、布带、绳索等在伤口近心脏最近的一端5厘米左右处进行绑扎，如手指咬伤，应扎在指关节后部；手臂咬伤，应扎在肘关节上方；小腿咬伤，应扎在膝关节上方（图34）。结扎松紧度以能阻断静脉血和淋巴液的回流为宜，以减少蛇毒素在机体内扩散和对蛇毒的吸收。但每隔15~30分钟应松绑1~2分钟，以防远端肢体淤血和组织坏死。结扎需经排毒处理和应用蛇药90分钟后方可去掉结扎，并切忌按摩和热敷伤口，或做饮酒和奔跑等剧烈活动，以及其他任何促进血液循环，促使蛇毒在机体内扩散的举动。

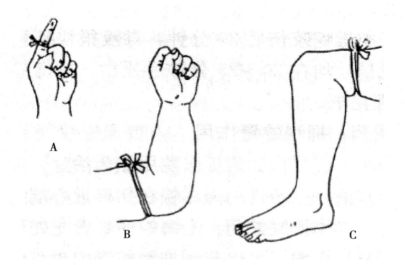

图 34　蛇伤结扎部位

A. 手指咬伤；B. 前臂咬伤；C. 足背咬伤

二、排毒

　　蛇伤在及时采取限流防止蛇毒素在机体内扩散措施后，需要立即用清水、肥皂水或冷茶水、盐水，最好用生理盐水或 3% 过氧化氢多次冲洗伤口，清除伤口周围残留的蛇毒和污物，同时，迅速拔除残留的毒牙，用冰块、冷水等冷敷伤口周围，可减缓毒素扩散和吸收。并在 12 小时内（越快越好）用小刀或刀片按毒牙痕方向纵切作"十"字或"一"字形切开皮肤，注意切口不可过深，深度以 1 厘米左右，至皮下（注意避开大血管和神经）能排出蛇毒液为度。但被尖吻蝮、蝰蛇、烙铁头等血循类毒蛇咬伤后伤口出血过多，一般不能采用刀刺排毒的方法，防止出血不止从而使病情迅速恶化，应采用其他破坏蛇毒和排出毒液的方法。如用手自近心端至远心端，自外而内挤压排毒，应注意伤口内残留有毒牙，要用"吸"而不能用"挤"的方法排出蛇毒。用拔火罐、吸奶器吸出蛇毒液比较安全。我国民间有用嘴边吸边吐并用清水漱口排去伤口中的毒血的方法，虽是应急排出蛇毒液的有效方法，但必须是口腔黏膜无破损伤口、溃疡，牙齿无病灶，以防止吸收蛇毒液而发生中毒。还有人用火柴爆灼蛇咬伤口，蛇毒受高温烧灼后其蛋白质变性，使毒素不再作用，用此法急救金环蛇或银环蛇咬伤，往往也能起到一定的作用。因为金环蛇和银环蛇类的毒牙较短（约0.2厘米），毒液少，其注入机体的毒液经高温烧灼后可全部失去作用。用此法治疗其他毒蛇咬伤疗效较差，甚至无疗效。对于其他类毒蛇毒牙长，毒液多，可用烙铁烙至深部组织灼焦。每个牙痕连续烙3~4次，烙入深度以咬伤部位牙痕深浅和局部肿胀度而定，一般以0.5~1厘米深为宜，烙后局部留下的伤痕按外科换药外理，直至伤口愈合为止。不管哪一类毒蛇咬伤后20分钟，毒液很快扩散至全身，实验动物（致死量）均在20~25分钟后死亡。故毒蛇咬伤后须在20分钟前处理完毕。

三、局部用药，抑制蛇毒作用

人被毒蛇咬伤后在采取以上急救处理的同时，应尽快到附近医院用蛇药治疗。若一时不能及时到医院用药救治，有条件的需尽快在伤口近心端2厘米处的伤口周围皮肤涂1圈中成蛇药。

我国目前常用的防治蛇伤中成药有以下几种。①蛇伤解毒片、蛇伤解毒注射液，防治我国常见毒蛇咬伤有效；②广州蛇药散，防治眼镜蛇、竹叶青蛇、银环蛇等毒蛇咬伤有效；③湛江蛇药散（何晓生蛇药）防治蝮蛇及血循毒类毒蛇咬伤有效；④上海蛇药片防治蝮蛇、尖吻蝮、竹叶青等毒蛇咬伤有效；对蝰蛇和银环蛇咬伤也有较好疗效；⑤福建蛇药可防治各种毒蛇咬伤有效；⑥群生蛇药防治蝮蛇咬伤有显效。上述防治毒蛇咬伤的中成药使用剂量和方法及注意事项按其说明书进行，最好在医师指导下根据不同蛇伤用药。孕妇忌用蛇药，防止早产或流产。就地采用清热解毒的新鲜草药及早内服，也可以起到抑制蛇毒内攻脏腑的作用，上述处理后尽快到医院进一步救治。

（1）用新鲜半边莲（全草）120～250 克　洗净加冷开水 50 毫升，共捣烂取汁内服，每月 3～4 次连服用数日，并用药渣外敷伤口周围。有解毒和利尿排毒的功效。

（2）用徐长卿鲜根 100 克（10 棵左右洗净）　用法是取鲜根 20 克（2 株）加水 200 克，煎沸后微火煮 10 分钟左右，取液汁加白酒 10 克，1 次口服完；中毒严重者取鲜根 20 克捣烂加红砂糖 50 克，拌匀敷伤口周围，并用纱布包扎 24 小时，用相同量同法再敷 1 次（可不内服）可治各种毒蛇咬伤。

（3）用七叶一枝花（蚤休）　研末每次服 3 克 最好配入半边莲 30 克，蒲公英、大蓟根、金银花、虎杖根各 15 克，用于治疗各种蛇伤。

被毒蛇咬伤的病人经过急救处理后，需及时到医院在医师指导下进行局部和全身治疗。局部治疗经排毒后，可用 1：500 高锰酸钾溶液湿敷伤口，保持伤口湿润，以防闭合，同时达到消炎退肿的目的，早期应用普鲁卡因溶液加地塞米松局部环封（0.25% 或 0.5% 普鲁卡因溶液中，加入地塞米松 5 毫克，在伤口周围或肿胀上方 3.3 厘米处深部皮下环封。手指被咬，用 5～10 毫升；上肢被咬，用 40～80 毫升；下肢被咬，用 100～400 毫升。封闭溶液的剂量可根据患肢大小而定）。这对抑制蛇毒的扩散、减少疼痛、消炎退肿、减少过敏反应有良好的效果。应在伤口局部注射结晶胰蛋白酶 200～400 单位。如 0.25%～0.5% 普鲁卡困 10～60 毫升，做浸润注射或在伤口上方做环状封闭（剂量视部位及伤情而定），一般 1～2 次即可。由于结晶胰蛋白酶是一种强有力的蛋白水解酶可以迅速破坏蛇毒性蛋白而使之失去毒性，迅速破坏蛇毒，控制病情发展，且有较好的抗组织坏死作用。蛇毒进入机体之后，除为伤口排毒和体内肝脏解毒外，还可通过大小便排毒。如西药利尿排毒。结合服西药用双氢克尿噻、氨苯蝶啶、甘露醇利尿，利尿通便时要注意避免引起电解质紊乱，以防引起其他并发症。有条件者可采用抗毒血清局部封闭，中和蛇毒的作用，疗效显著。应用愈早，疗效愈好。环形封闭和穴位封闭的方法。具体用量根据蛇伤不同而异，一般蝮蛇、眼镜蛇 6 000～12 000 单位；尖吻蝮 3 000～6 000 单位；银环蛇 2 000～6 000 单位。封闭时加用地塞米松 20 毫克。普鲁卡因 30～40 毫升，防止出现过敏反应并减轻疼痛。如果急救处理后肿胀仍然发展或出现全伤口发生化脓感染或伤口周围组织坏死时，均可引起患者体温升高；对高热者要用体温表定时给病人测量体温，密切观察体温变化和注意观察病情发展情况，及时按医嘱给予解热药物以外，还可采用其他降温措施，如冰袋外敷或井水灌肠等。如出现昏迷、呼吸困难或呼吸停止，应及时报告医生进行急救。

另外，在蛇伤治愈后的恢复期间由于蛇毒性躁烈，常有体力损耗，中医认为有阴血不足、气血两亏的现象。应给患者食用营养丰富的食物，补充维生素，可饮用富有营养的流质半流质食物，多饮用开水或糖水，以助毒液排出体外，使蛇伤者尽快恢复痊愈。

第十三章 发展养蛇业应注意的问题

　　蛇是一种珍贵的药、食及工业等方面用途广泛的经济动物，供制蛇酒用的蛇肉及临床上使用的蛇胆、蛇蜕和蛇毒在国内外市场供不应求。特别是蛇毒在国际市场上的价格比黄金贵20倍。由于国内外对蛇产品的需求量越来越大，如果不加强保护蛇类资源，限制乱捕滥捉野生蛇类，蛇资源将会日趋枯竭。因此，要重视保护蛇类资源和发展人工养蛇。这不仅对维护自然生态平衡，消灭鼠类，开发蛇类资源供应市场需求，使蛇类持续造福于人类起到了积极的作用，而且对发展农村多种经营、安排剩余劳力、增加经济收入、提高人民生活水平也发挥了一定的作用。

　　发展蛇类养殖业之前必须进行市场润查。对目前市场上的蛇产品需求量及将来的市场容量进行考察和分析，并了解该蛇种生理特性和生态要求，考虑养蛇条件和养蛇的技术情况确定发展饲养规模。如果盲目发展养蛇业，会影响正常的养蛇生产。造成不应有的经济损失。发展养蛇业应注意以下几个问题。

　　①蛇类是国家或省级重点保护动物，在捕售种蛇和筹办养蛇场前必须要经林业部门和工商管理部门批准并办理合法手续。

②养蛇必须以市场引导生产，不能盲目或凭主观热情和想象来决策生产，饲养者只有善于通过预测市场需求量来确定饲养规模，把握主动权，发展生产，才能使养蛇业立于不败之地，取得经济效益。

③养蛇者需先了解蛇类生理特性和生态要求，方能确定引进何种蛇。同时，要熟练掌握蛇类饲养技术，如蛇场的设计、养蛇场舍的建造、科学饲养管理、蛇卵的人工孵化，繁殖仔蛇、蛇病防治、蛇产品加工和蛇毒的采集以及蛇伤防治等技术，最好能到有一定规模的养蛇厂现场观摩，学习野生蛇类驯养繁殖技术措施和蛇产品加工技术经验，提高养蛇生产水平和蛇产品质量与产量，获取最佳经济效益。此外，为了获得各地养蛇经验，便于及时掌握养蛇新技术、最新科研成果和了解市场对蛇产品的供需行情、信息，还应订阅有关养蛇、蛇产品加工和蛇伤防治方面内容的报刊杂志和最新出版的书籍。

④因地制宜引养蛇种。必须选择适宜当地气候和环境条件蛇的品种饲养，只有适合当地气候和环境条件的蛇类才能发挥优良的生产性能。如南方地区蛇种的越夏时间更长，而北方蛇种的越冬时间更长。饲养者引进外地蛇种，在气候和环境方面不适应，从远地购运而来，不但长途运输不经济，而且在运输途中蛇受到折腾，加之适应新的生活环境，如不能很好饲养，必然会导致这些蛇轻则病，重则死。从实际效益考虑，初学养蛇应选用本地的野生蛇饲养为好，这样容易掌握其生活习性，即使不同蛇种有不同的个性，但有许多共性，它们的生态习性适宜在本地生活，因此有利于蛇的生长

繁育。在取得本地蛇种养殖经验的基础上，再引进外地蛇种来饲养。

⑤蛇类除有较高的食用和药用等价值外，在化工、皮革等行业用途也很广阔。为了扩大蛇类养殖市场，必须加强深加工技术，不断开发新的蛇类产品，生产出更多高科技蛇类主导产品，从而提高蛇类利用价值和取得更高的经济效益。

⑥养殖规模要适度。养蛇的规模开始宜小不宜大。要量力而行，稳步发展。养蛇的经验有个积累过程。开始养蛇可以养幼种蛇或半大的蛇，因为繁育幼蛇的技术难度较成蛇难度要小，取得饲养经验以后再发展养大蛇。养殖幼蛇如留作种蛇，应挑选自主开食好、生活力强、生长迅速、花纹正常、色泽鲜艳的蛇。市场上蛇产品销售的畅销或滞销，价格的高低始终是受供求关系制约的。为了防止长期滞销抑制养蛇生产的发展，养蛇的饲养规模大小应根据市场动态信息冷静分析行情，不失时机地作必要调整。这样饲养者才能确定发展蛇类养殖业及其产品的生产规模，提高养蛇的经济效益。

⑦为了防止有疫病的蛇进入蛇场而引起感染，暴发传染病，造成严重的经济损失，在引蛇种养殖时，必须先调查有无疫情。同时严格把好检疫关，即使在没有疫病的地区调引种蛇，也要通过检疫证明该种蛇是健康无病后方可引进。引入后还要隔离饲养观察 10～20 天，确实证明健康无病时才能转入场舍混群饲养。

⑧人们在捕蛇和养蛇过程中，如果防范不当往往有被毒蛇咬伤的危险，严重中毒时会致残，甚至死亡，因此必须高度重视防各毒蛇咬伤。防治毒蛇咬伤必须坚持"预防为主，

防治结合"的原则，只有掌握毒蛇的生活习性、活动规律和咬人的特点，采取蛇伤防护措施和掌握蛇伤早期救护知识，才能避免和防治毒蛇咬伤。

主要参考文献

1. 白庆余，黄祝坚，白秀娟，等．经济蛇类的养殖与利用．北京：金盾出版社，1993.

2. 陈广淦．捕蛇与养蛇．北京：科学普及出版社，1982.

3. 成都生物研究所，等．中国的毒蛇及蛇伤防治．上海：上海科学技术出版社，1979.

4. 高本刚，刘昌利．庭院养蛇．北京：中国农业出版社，2000.

5. 高本刚．蛇类养殖与蛇伤防治实用手册．北京：人民军医出版社，1991.

6. 高本刚，余茂耘．有毒与泌香动物养殖利用．北京：化学工业出版社，2005.

7. 马连科，徐芹．蛇类养殖技术．北京：中国农业出版社，1998.

8. 谭振球，段长云，林筱美，等．蛇的饲养及产品加工．长沙：湖南科学技术出版社，1998.

9. 白庆余，金梅．养蛇与蛇产品加工，北京：中国农业大学出版社，2001.